Wissenschaftliche Beiträge aus dem Tectum Verlag

Reihe Sozialwissenschaften

Wissenschaftliche Beiträge
aus dem Tectum Verlag

Reihe Sozialwissenschaften
Band 102

Elke Kralle-Calenberg

Digitale Elemente in der Kunst- und Kulturvermittlung für Senioren in Museen

Der „Medientisch" im Museum Ratingen

Tectum Verlag

Elke Kralle-Calenberg
Digitale Elemente in der Kunst- und Kulturvermittlung für Senioren in Museen
Der „Medientisch“ im Museum Ratingen
Wissenschaftliche Beiträge aus dem Tectum Verlag,
Reihe: Sozialwissensschaften; Bd. 102

Umschlaggestaltung: Tectum Verlag, unter Verwendung einer Fotografie
von Elke Kralle-Calenberg, Medientisch im Museum Ratingen

ISBN 978-3-8288-4714-9
ePDF 978-3-8288-7806-8
ISSN 1861-8049

Gesamtverantwortung für Druck und Herstellung
bei der Nomos Verlagsgesellschaft mbH & Co. KG

Printed in Germany

Besuchen Sie uns im Internet
www.tectum-verlag.de

Bibliografische Informationen der Deutschen Nationalbibliothek
Die Deutsche Nationalbibliothek verzeichnet diese Publikation
in der Deutschen Nationalbibliografie; detaillierte bibliografische
Angaben sind im Internet über http://dnb.d-nb.de abrufbar.

Vorwort

Die Welt, in der wir leben, ist von einem rasanten Wandel geprägt. Bereits jemand der etwa in der Mitte des 20. Jahrhundert gelebt hat, würde sich heute kaum mehr zurechtfinden. Internet, Computer, Mobilität, Kommunikation, Roboter sind nur einige der modernen Erscheinungen dieses Wandels.

Die damit verbundene Digitalisierung bietet zahlreiche Chancen, hohe Komfort- und Effizienzgewinne, aber stellt uns ebenso vor große Herausforderungen. Nicht nur die Arbeitswelt erfährt aktuell einen grundlegenden Wandel mit tiefgreifenden Veränderungen. Er durchdringt ebenso alltägliche Lebensbereiche, kommunale Dienstleistungen, gesellschaftliche Strukturen und damit die Gesellschaft. Mitten im demografischen Wandel ist die ältere Bevölkerungsgruppe dabei ein prägender Anteil. Wie reagiert die wachsende Gruppe von SeniorInnen auf diese Veränderungen? Wie aufgeschlossen sind SeniorInnen von heute digitalen Medien gegenüber? Können möglicherweise positive Erfahrungen transformiert werden und zu mehr Lebensqualität beitragen, soziale Kontakte ermöglichen, Selbstbestimmung erhalten und gelingendes Altern unterstützen?

Viele Ältere sind inzwischen in der digitalen Welt angekommen, dennoch gibt es noch Millionen von Menschen im Alter über 70 Jahre, die noch über keine Erfahrungen mit dem Internet verfügen.

Die hier veröffentliche Studie nimmt diese Ambivalenz auf und liefert überraschende Resultate. Sie weist eindringlich auf die vielen Potenziale hin, die mit Hilfe digitaler Elemente im Bereich der Kulturvermittlung an die ältere Generation ausgeschöpft werden können. Die Studie zeigt auf, wie eine digitale Installation im Rahmen der Kunst- und Kulturvermittlung von der Zielgruppe der SeniorInnen an- und wahrgenommen wird. Dabei handelt es sich um ein wichtiges und für die Arbeit mit Senioren sehr relevantes Thema, um einerseits dem „digital divide" zwischen jüngeren und älterer Generationen entgegenzuwirken und andererseits die Potenziale der virtuellen Kommunikation für den künstlerischen Bildungsbereich zu öffnen.

Im Mittelpunkt der qualitativen Studie steht eine von der Autorin durchgeführte empirische Untersuchung, die überzeugend und umfassend die Wahrnehmungen, Erfahrungen und Bewertungen der befragten SeniorInnen erfasst. Darüber hinaus wurden auch die MitarbeiterInnen befragt sowie die Vermittlungstätigkeiten systematisch beobachtet und ausgewertet. Mit dieser Triangulation von Methoden ist eine differenzierte und gehaltreiche Analyse gelungen.

Die Studie vermittelt darüber hinaus die wichtige Einsicht, dass digitale Vermittlung von künstlerischen Inhalten mehrere Vorteile auf einmal erbringen kann. Ausgehend von der Forschungsfrage: „Wollen und können Senioren in einem musealen Umfeld mit digitalen Elementen interagieren?", ist es der Autorin gelungen aufzuzeigen, dass digitale Elemente den Museen einen wissenschaftlich begründeten Spielraum bieten, ihre Wissensvermittlungsaufgabe digital und *über alle Alters*gruppen hinweg wahrzunehmen. Mit dem eingesetzten digitalen Werkzeug kann ein wesentlicher Gewinn im Sinne von Teilhabe am kulturellen Leben erzielt werden. Die erhobenen Daten bestätigen eine positive Reflexion der SeniorInnen, so dass bestehende Hemmschwellen in Anreize zur Nutzung digitaler Elemente umgewandelt werden können. Zudem bietet die Studie Anhaltspunkte, um zur Verringerung einer digitaler Kluft und zur Steigerung digitaler Teilhabepotentiale von SeniorInnen, auch außerhalb musealer *Räumen*, beizutragen.

Das vorliegende Buch macht Mut, in diese Richtung weiter voranzuschreiten und die digitalen Möglichkeiten gerade für die wachsende, heterogene Zielgruppe von SeniorInnen mit einem vorurteilfreiem Blick auszuschöpfen. Hoffentlich findet diese Studie viele NachahmerInnen!

Ortwin Renn

Inhalt

Vorwort V

Abbildungsverzeichnis XIII

Tabellenverzeichnis XV

1 Einleitung 1

1.1 Motivation zu dieser empirischen Untersuchung 1

1.2 Hintergrund und Fragestellung 3

1.3 Struktur und Vorgehensweise in dieser Arbeit 4

1.4 Erläuterungen 5

2 Theoretische Aufarbeitung des Problemfeldes 7

2.1 Digitalisierung und Senioren 7

2.1.1 Auszüge aus relevanten Digitalisierungs- und Forschungsaktivitäten 8

2.2 Kunst- und Kulturvermittlung in Museen 12

2.2.1 Auszüge aus Besucherforschung und Programmen in Museen 12

2.2.2 Innovation zum digitalen Element in der Kunst- und Kulturvermittlung 17

3 Darstellung der empirischen Untersuchung 21

3.1 Anlage und Fragestellung der Untersuchung 21

3.1.1 Untersuchungsmethodik 22

3.1.2 Untersuchungsumfeld und Referenzmuseum 23

3.1.3 Untersuchungsgegenstand 25

3.1.4 Der Medientisch im Museum Ratingen 26

3.2 Die Untersuchung im realen Umfeld am Medientisch 33

3.2.1 Rahmenbedingungen der Erhebung 35

3.2.2 Explorationsphase und Beobachtung des natürlichen Felds 36

3.2.3 Forschungsdesign: Zielgruppen und Erhebungszenario 41

3.2.4 Untersuchungsszenario zur Datenerhebung im realistischen Umfeld 42

3.2.5 Finales Sampling der Zielgruppen 43

3.2.6 Anbahnung und Durchführungsplanung der Untersuchung 44

3.2.7 Probanden und Stichprobengrößen 45

3.2.8 Datenerhebungsverfahren: Gestaltung der Interviewleitfäden und Erhebungsinstrumente 47

3.3 Analyseverfahren und Kategoriensystem 53

3.3.1 Analyseverfahren der erhobenen Daten 53

3.3.2 Kategoriensystem 56

4 Ergebnisse der Untersuchung 63

4.1 Wahrnehmung des digitalen Elementes Medientisch 64

4.1.1 Wahrnehmung des digitalen Elements Medientisch aus der Seniorenperspektive 64

4.1.2 Wahrnehmung des digitalen Elements Medientisch aus der Expertensicht 66

4.2 Interaktion und Nutzerverhalten bezogen auf das „Wollen“ der Senioren 68

4.3 Digitale Medienkompetenz und Bedienbarkeit in Bezug auf das „Können“ der Senioren 71

4.4 Kunst- und Kulturvermittlung bezogen auf ein digitales Element 75

4.4.1 Kunst- und Kulturvermittlung bezogen auf das digitale Element Medientisch aus der Seniorenperspektive 75

4.4.2 Kunst- und Kulturvermittlung bezogen auf das digitale Element Medientisch aus der Expertenperspektive 79

4.5 Wahrnehmung der Besucher am Medientisch aus Expertensicht 81

4.6 Altersgruppen am Medientisch aus Expertensicht 83

4.7 Überraschende Ergebnisse aus der Analyse zur Stigmatisierung Älterer 85

4.8 Überraschende Erkenntniszusammenhänge 87

4.8.1 Erkenntniszusammenhang zwischen digitalem Element und Kunst- und Kulturvermittlung 87

4.8.2 Kunst- und Kulturvermittlung auf den Medientisch bezogen und Interaktionen bzw. Nutzerverhalten der Senioren 88

5 Diskussion **91**

6 Zusammenfassung und Ausblick **99**

Literaturverzeichnis **103**

Nachtrag **109**

Abbildungsverzeichnis

Abb. 1:	Medientisch im Museum Ratingen	24
Abb. 2:	Medientisch mit Menü-Auswahl über Themen	26
Abb. 3:	Technische Information zur Konzeption und interaktive Medieninstallation	27
Abb. 4:	Medientisch mit Menü-Auswahl über Zeitstrahl	28
Abb. 5:	Medientisch mit Menüauswahl zur Industrialisierung über Menüpunkt „Cromford“	28
Abb. 6:	Medientisch mit Menüauswahl zur Industrialisierung über Icon „Park“	29
Abb. 7:	Medientisch mit Menüauswahl über Menüpunkt „Das 21. Jahrhundert“	29
Abb. 8:	Medientisch mit Menüpunkt Video „Rundflug“	30
Abb. 9:	Medientisch im oberen Foyer	33
Abb. 10:	Oberes Foyer mit Panoramabild über Sitzbank	34
Abb. 11:	Ablaufmodell induktive Kategorienbildung (Mayring, 2000)	55
Abb. 12:	Audiopräsentation der Constructa am Medientisch	89

Tabellenverzeichnis

Tab. 1: Demografische Daten Besucher/Probanden 46

Tab. 2: Interviewliste Personal/Experten 47

Tab. 3: Interviewleitfaden für Besucher/Probanden 50

Tab. 4: Interviewleitfaden für Mitarbeiter/Experten 51

Tab. 5: Struktur der Tabelle zur qualitativen Inhaltsanalyse, Teil 1, eigene Entwicklung 58

Tab. 6: Struktur der Tabelle zur qualitativen Inhaltsanalyse, Teil 2, eigene Entwicklung 58

1 Einleitung

Die vorliegende Arbeit beschäftigt sich mit dem Thema des Umgangs von Senioren mit einem digitalen Element am Beispiel eines Medientisches in einem musealen Umfeld.

1.1 Motivation zu dieser empirischen Untersuchung

Die Motivation zum Thema dieser Masterarbeit begünstigt zwei Erfahrungsbereiche der Autorin. Eine Grundlage sind zahlreiche IT-Implementierungsprojekte, bei denen Erfahrungen und Beobachtungen von Verhalten und Umgang der vom Projekt betroffenen Menschen mit neuen Technologien und Medien gesammelt wurden. In den Phasen eines Implementierungsprojektes ist die Autorin immer wieder durch typische menschliche Verhaltensweisen, Interaktionen, individuelle Motivationen und Ängste der Stakeholder gefordert. Change Management und zeitgerechte aktive Interventionen sind dabei erprobte Mittel, um einen Projekterfolg zu ermöglichen.

Im Zentrum steht die Herausforderung, Stakeholder auf dem Weg durch die Phasen der Veränderung zu führen und dabei Skeptiker zu Sponsoren des Projekts zu machen. Menschen setzen durch ihr Wollen und Können Aufgaben, Vorhaben oder Pläne in täglicher Arbeit um. Damit tragen sie entscheidend zum Gelingen und Projekterfolg bei. Jede Veränderung, sei sie positiv oder negativ, zieht zwangsläufig einen Einbruch eines gewohnten Ablaufes nach sich. Dass sich Menschen dabei nicht als Opfer des Wandels, sondern als Gestalter und Teilhaber von Erfolg und Neuerungen fühlen, ist die grundlegende Basis und Motivation für bereichernde Veränderungen. Um die Fähigkeit und Bereitschaft zur Veränderung (aus eigener Kraft) zu unterstützen und Widerstand zu antizipieren, werden Analysen der Stakeholder, über Eigenschaften Einzelner oder Gruppen und ihre Betroffenheit, erhoben. Das Ziel daraus folgender Interventionen ist es, Aspekte von möglicher Motivation zur „Verhinderung" in unterstützende positive Motivationen der projektbeteiligten Menschen zu entwickeln. Hierbei ist entscheidend, ob es gelingt, fachliche und/oder persönliche Weiterentwicklung und eine positive Bewältigung von Herausforderungen als persönlichen Gewinn bzw. Vorteil in den Köpfen der Beteiligten zu verankern, Hemmnisse zu erkennen, zu überwinden und nicht zuletzt die Selbstwirksamkeit jedes Einzelnen zu stärken.

Die zweite Quelle liegt in der Sphäre kultureller Räume in Museen. Es ist die Beobachtung der Autorin, dass ältere Menschen in Ausstellungen selbstverständlich mit ihrem Smartphone umgehen, z. B. um Exponate oder Installationen zu fotografieren. Diese Beobachtungen machten die Autorin neugierig: Welche Bedürfnisse und daraus folgende Motivationen bringen Senioren zu diesem Verhalten? Wie reagieren Senioren auf Veränderung durch den digitalen Wandel im musealen Raum? Wie nehmen sie neue Medien dort wahr und an? Inwieweit „wollen" und „können" Senioren damit umgehen? Denn, ähnlich wie in einem Projekt, handelt es sich auch bei den Senioren um die Bewältigung ihrer täglichen Aufgaben und Vorhaben, z. B. im Rahmen ihres Tagesablaufs, ihrer sozialen Kontakte und Freizeitgestaltung z. B. mit einem Museumsbesuch, motiviert durch ihre kulturellen Bedürfnisse. Wie aufgeschlossen sind Senioren von heute den digitalen Medien gegenüber? Möglicherweise können positive Erfahrungen mit digitalen Medien auch durch Übertragung auf alltägliche Lebensbereiche zu mehr Lebensqualität beitragen, soziale Kontakte ermöglichen, Selbstbestimmung erhalten und gelingendes Altern unterstützen.

1.2 Hintergrund und Fragestellung

Die Digitalisierung schreitet fort, nicht nur die Arbeitswelt erfährt aktuell einen grundlegenden Wandel mit tiefgreifenden Veränderungen, er durchdringt ebenso alltägliche Lebensbereiche, kommunale Dienstleistungen und Angebote, gesellschaftliche Strukturen und damit die Gesellschaft. Die Alterung und die Bevölkerungszahl in Deutschland werden im kommenden Jahrzehnt stark vom bestehenden Altersaufbau beeinflusst werden. Infolge dessen wird die ältere Bevölkerungsgruppe die Bevölkerungsstruktur zukünftig prägen (Thiemann, 2009). Gleichzeitig beschreibt Kirchberg (Kirchberg, 2005) aus soziologischen Perspektiven einen Wandel der gesellschaftlichen Funktionen von Museen. Dabei konstatiert er einen Bewusstseinswandel unter deutschen Museumsdirektoren und Verantwortlichen in den Kommunen, hin zu einem moderneren Museumsmanagement und einer positiven Einstellung zur Nützlichkeit empirischer Publikumsstudien.

Mitten im demografischen Wandel ist daher eine Ausrichtung auf den stärker zunehmend älteren Teil der Gesellschaft deutlich wahrzunehmen. Fragen, die sich ergeben sind z. B.: Wie sind zukünftige museale Programme zu konzipieren? Treffen sie auf die gewünschte Zielgruppe? Welche Erfahrungen können die Teilnehmer dabei machen und was erleben sie? Und welche Potenziale eröffnen sich mit diesen neuen Programmen für Senioren?

Kultur ist mit Werten verbunden und wird als Kitt der Gesellschaft verstanden. Taucht man in die Welt der Museen ein, eröffnen sich vielfältige Bereiche der Kulturwissenschaft: Volkskunde, empirische oder vergleichende Kulturwissenschaft, europäische Ethnologie oder Vermittlungsforschung aus dem Bereich der Museumspädagogik. Kulturministerien der Bundesländer kümmern sich um die Angelegenheiten unserer Kulturpolitik. Zusätzlich nimmt Prof. Monika Grütters MdB, Staatsministerin für Kultur und Medien, das Amt als Beauftragte der Bundesregierung für Kultur und Medien war. Von dieser Stelle wird auch der Deutsche Museumsbund e. V. gefördert. Hierbei handelt es sich um eine Interessenvertretung der Museen in Deutschland. Die aktuelle Ausgabe der „Museumskunde“, der Fachzeitschrift für die Museumswelt, widmet sich unter dem Thema „Update, Museen im digitalen Zeitalter“ den aktuellen Entwicklungen (Deutscher Museumsbund, 2019). „Heute ist die Entwicklung von Strategien für den digitalen Wandel zu einer Querschnittsaufgabe geworden, die das ganze Betriebssystem Museum in all seinen Bereichen beeinflusst und verändert. Museen bilden eine Schnittstelle zwischen digitalen und analogen Welten und können diese miteinander vernetzen“ (Köhne, 2019, S. 1).

Mit dieser Masterarbeit wird ein „Tortenstück“ dem Ganzen entnommen und anhand einer wissenschaftlichen Forschungsfrage empirisch untersucht. Es wird evaluiert, wie eine digitale Installation als Teil des umfangreichen Bereichs der Kunst- und Kulturvermittlung, der sich aus den klassischen Aufträgen (Sammeln, Bewahren, Forschen, Ausstellen und Vermitteln) eines Museums ergibt, in einer bestimmten Zielgruppe (Senioren) an- und wahrgenommen wird. Die digitale Installation ist in der vorliegenden Studie ein Medientisch. Diese Untersuchung soll Erkenntnisse darüber liefern, wie Senioren den Medientisch wahrnehmen und mit ihm als einem digitalen Vermittlungselement im kulturellen musealen Raum interagieren.

1.3 Struktur und Vorgehensweise in dieser Arbeit

Zunächst werden Theorien und aktuelle Forschungsaktivitäten dargelegt, die einerseits im Kontext von Digitalisierung und Senioren, andererseits spezifisch in der Kunst- und Kulturvermittlung in Museen, aus Bereichen der Besucherforschung, dem Paradigmenwechsel zum Museum 4.0 und der Forschung um Wissensprozesse und Medientische in Museen, eruiert wurden.

Im Anschluss folgt eine ausführliche Beschreibung der empirischen Untersuchung in dem speziellen musealen Untersuchungsumfeld, des Studiendesigns, der Stakeholder und des Ablaufs, an dessen Ende leitfadengestützte Interviews mit den Probanden stehen.

Die Ergebnisse aus der zusammenfassenden Analyse werden anhand des entwickelten Kategorienschemas vorgestellt und interpretiert.

Abschließend werden die Resultate und überraschende Erkenntnisse der Analyse diskutiert.

1.4 Erläuterungen

Im Rahmen dieser Masterarbeit wird aufgrund der besseren Lesbarkeit die männliche Schreibweise verwendet, die beide Geschlechter mit einschließt. Dies ist selbstverständlich in keinem Fall kategorisierend oder diskriminierend gemeint.

Des Weiteren werden Begriffe wie Senioren, ältere Menschen, digitale Medien und digitale Kompetenz verwendet, die mehrdeutig interpretiert werden können. Um Missverständnisse auszuschließen, wird die Verwendung in dieser Arbeit wie folgt definiert:

Senioren: Menschen, die sich nach dem Muster des klassischen biografischen und strukturellen Lebenslaufs nicht mehr im erwerbstätigen Lebensalter (60+) befinden.

Digitales Medium: Mit dem Begriff wird in dieser Arbeit die nach neuerem Verständnis verwendete Vorstellung eines Vermittlungs- bzw. Kommunikationsmittels verbunden.

Digitale Kompetenz: Der inflationäre Gebrauch dieses Begriffes macht es notwendig zu erläutern, welche Aspekte Medienkompetenz umfassen. Nach Ansätzen der Medienpädagogik bieten zentralen Bereiche wie z. B. kognitive, moralische und affektive sowie Handlungsdimensionen eine Möglichkeit, den Begriff zu operationalisieren (Aufenanger, 1997). Im Rahmen dieser Untersuchung sind bestimmende Merkmale für die Medienkompetenz in erster Linie die Fähigkeiten, digitale Elemente bedienen zu können und die, die sich dabei aus affektiven und der Handlungsdimension der Senioren erschließen lassen.

Die Autorin weist vorab darauf hin, dass in dieser Untersuchung Inhalte und Themen im Sinne von älteren Menschen und Technik, z. B. „Design for Aging" keinen direkten Fokus bilden. Es wird wohl beobachtet und analysiert, wie Senioren mit einem neutral designten digitalen Element umgehen, jedoch werden keine Ergebnisse zur speziellen User Interface Gestaltung für Ältere beabsichtigt.

Alle im Rahmen dieser Untersuchung durchgeführten Interviews und die daraus zitierte Texte befinden sich anonymisiert in einer Datei. Sie weist die codierten Interviews aller Probanden, IntB1 bis IntB11 (Besucher/Senioren) und IntM1 bis IntM9 (Mitarbeiter/Experten) auf. Außerdem enthält sie alle Daten der zusammenfassenden Inhaltsanalyse. Diese Datei steht bei der Autorin zur Einsicht bereit (Qualitative zusammenfassende Inhaltsanalyse V5 final.xlxs).

2 Theoretische Aufarbeitung des Problemfeldes

In diesem Kapitel werden aktuelle Beiträge und Studien zum theoretischen Rahmen der Untersuchung dargelegt.

2.1 Digitalisierung und Senioren

Smartphone, Laptop oder Tablet-PC eröffnen Senioren Möglichkeiten, die sie vor Jahren noch nicht einmal für machbar gehalten hätten. Im Internet nach günstigen Bahnverbindungen suchen, Rechnungen per Online-Banking bezahlen und mit den Enkelkindern WhatsApp-Nachrichten austauschen, viele Ältere sind in der digitalen Welt angekommen. Sie haben erkannt, dass neue digitale Medien Möglichkeiten bieten, sich auch über große Distanzen hinweg zu vernetzen oder zu engagieren. Andererseits haben auch Millionen von Menschen im Alter über 70 Jahre das Internet noch nie benutzt. Oft scheuen ältere Menschen digitale Medien, weil sie Angst vor auftretenden Problemen haben oder keinen Nutzen für sich dabei erkennen.

2.1.1 Auszüge aus relevanten Digitalisierungs- und Forschungsaktivitäten

Ein jährliches Lagebild zur digitalen Gesellschaft wird von der Initiative D21 e. V. herausgegeben. Diese Initiative wurde 1999 gegründet, um die digitale Spaltung der Gesellschaft zu verhindern. Der Verein und sein branchenübergreifendes Netzwerk setzen sich dafür ein, entstehende gesellschaftliche Herausforderungen zu erfassen und die Bürgerinnen und Bürger zu befähigen, selbstbestimmt an der digitalen Welt partizipieren zu können. Die aktuelle Studie D21-Digital-Index 2019/20 (Initiative D21 e. V., 2019) stellte sich die Frage: Wie digital ist Deutschland? Ihre zusammenfassende Antwort attestiert der deutschen Bevölkerung Fortschritte, jedoch würden sich bestehende Spaltungen manifestieren. Die zentralen Ergebnisse zeigen, dass 86 % der deutschen Bevölkerung online sind, der Digitalisierungsgrad steigt auf 58 von 100 möglichen Punkten. Die Mehrheit steht Veränderungen durch Digitalisierung positiv gegenüber. Schulen vermitteln Digitalisierungsfähigkeiten allerdings nicht ausreichend. Große Zuwächse bei der Internetnutzung werden bei der älteren Generation verzeichnet: 81 % der 60 bis 69-Jährigen und 52 % der 70-Jährigen sind online.

Im Detail der Studie D21-Digital-Index 2019/2020 (Initiative D21 e. V., 2019) zeigt sich, dass insgesamt der Anteil der Offliner auf 14 % der Menschen in Deutschland gesunken ist, das bedeutet aber auch, rund 9 Millionen Menschen in Deutschland haben aktuell keinen Zugang zum Internet. Die Offliner sind der Studie nach meist weiblich, bereits im Rentenalter und haben eine niedrige formale Bildung. Sie besitzen so gut wie keine digitalen Geräte, können Begriffe der Digitalisierung nicht einordnen und empfinden sie auch als zu kompliziert. Im Zusammenhang mit dem in der Studie untersuchten Digitalisierungsgrad wird die digitale Spaltung am auffälligsten zwischen den Altersgruppen: Je älter, desto geringer ist der Digitalisierungsgrad. Dieser Grad wurde in drei Gruppen betrachtet, auf einer Punkteskala von 0 bis 100 Digital-Index Punkten. Die erste Gruppe der digital Abseitsstehenden liegt zwischen 0 und 40 Punkten. In der Mitte der Skala von 40 bis 70 Punkten liegen digital Mithaltende, und digitale Vorreiter liegen zwischen 70 und 100 Punkten. Mit 35 Punkten gehören die +65-Jährigen demnach ins digitale Abseits. Ihre unterdurchschnittliche Eingruppierung kam aber zustande, weil zusätzliche Kenntnisse aus der digitalen Welt abgefragt wurden. Diese Fragen bezogen sich auf Begriffe wie Cloud, Algorithmus, Fake News oder auch ob ein Router selbständig installiert werden könnte. Trotzdem verkleinert sich insgesamt der Abstand zu den digital Mithaltenden, da die ältere Generation stärkere Zuwächse um +5 Indexpunkte verzeichnet. Damit liegen die +65-Jährigen nun nur noch 5 Indexpunkte von den digital Mithaltenden (ab 40 Indexpunkten) entfernt.

Die Studie weist zusätzlich themenbezogene Handlungsempfehlungen aus. Für die zum großen Anteil im Rentenalter liegenden Offliner wird mehr Teilhabe in der digitalen Welt gefordert. Onlineangebote, die auch für ältere Menschen relevant sind (bspw. Behördendienstleistungen), sollten intuitiv und niedrigschwellig gestaltet sein. Auch bräuchten sie Unterstützung bei der Bedienung, vor allem wo die Nutzung des Internets einen konkreten Mehrwert für sie darstellt. Dabei sind Informationsangebote und Kommunikationen mit der jüngeren Generation gemeint. Dies bestätigen auch große Unterschiede im Nutzerverhalten sowie in der -häufigkeit. Bei der Nutzung sozialer Medien sind die über 65-jährigen unterdurchschnittlich aktiv, wobei im Trend die Nutzung mit zunehmendem Alter abnimmt. Die Verwendung des am weitesten verbreiteten WhatsApp-Service ist jedoch in allen Altersgruppen angestiegen; in der Altersgruppe der über 65-jährigen um 8 Prozentpunkte auf 29 %.

Im Bereich von Einstellungen zum Internet und zur digitalen Welt ist laut der Untersuchung die Mehrheit der Bevölkerung der Ansicht, dass die Zukunft digital ist. Aber mehr als ein Drittel der Befragten fühlt sich durch die Digitalisierung überfordert. Das sind sogar 4 Prozentpunkte mehr als im Vorjahr und trifft vor allem auf ältere Menschen zu. Daher empfiehlt die Studie, Begegnungsstätten mit

Technologien zum Anfassen zu schaffen, damit unbegründete Berührungsängste abgebaut werden können. In öffentlichen Räumen (z. B. Bibliotheken) sollten alle Generationen die Möglichkeit haben, digitale Anwendungen kennen zu lernen. Somit würde gesellschaftliche Offenheit und Kompetenz gefördert und viel mehr Menschen könnten vom technologischen Wandel profitieren.

Vor diesem Hintergrund sind mehrere Angebote und Initiativen entstanden, die Älteren den Einstieg erleichtern sollen und ihre digitale Teilhabe ermöglichen.

Eine Bildungsplattform im Internet, wissensdurstig.de (BAGSO – Bundesarbeitsgemeinschaft der Seniorenorganisationen e. V., o. J.), wurde unter dem Motto „Nie zu alt für Neues“ durch das Bundesfamilienministerium 2018 gestartet. Diese Webseite bietet aktuell Senioren eine benutzerfreundliche Datenbank mit zahlreichen Informationen an und zielt darauf, älteren Menschen durch Zugang zu Bildung und Digitalisierung gesellschaftliche Teilhabe zu ermöglichen.

Hilfestellung und Unterstützung bietet auch der: „Wegweiser durch die digitale Welt für ältere Bürgerinnen und Bürger“ (BAGSO-Bundesarbeitsgemeinschaft der Senioren-Organisationen e. V., 2019). Damit möchte die Interessenvertretung der älteren Menschen in Deutschland Senioren ermutigen, die neuen digitalen Wege zu gehen. Es werden Möglichkeiten und Chancen aufgezeigt sowohl für Menschen die ins Internet einsteigen möchten, als auch für bereits aktive Senioren in der digitalen Welt. Der Inhalt hält ein Verzeichnis mit Themen von unterschiedlichen Wegen ins Netz und Themen wie Sicherheit, Kontakte, Suchen und finden, Reisen, Gesundheit, Bestellen und bezahlen, Bankgeschäfte bis hin zum digitalen Nachlass und abschließend Erläuterungen von Fachbegriffen bereit. Diese Broschüre wird kostenlos über den Publikationsversand der Bundesregierung zur Verfügung gestellt.

Die BAGSO benennt in einer weiteren Veröffentlichung grundsätzliche Fragestellungen, die sich bei einer zunehmenden Digitalisierung für das tägliche Leben älterer Menschen ergeben. Dabei werden Hindernisse und entsprechende Maßnahmen aufgezeigt, um die positiven Möglichkeiten des Internets allen zugänglich zu machen. Die BAGSO konstatiert, dass das Internet zu den unverzichtbaren Elementen der öffentlichen Daseinsfürsorge gehört. Mit einem vier-Punkte-Plan sollen Perspektiven und die Belange älterer Menschen verdeutlicht werden: Zugänge ermöglichen und Chancen erfahrbar machen, Barrieren abbauen und Vertrauen aufbauen, Verantwortung übernehmen und Strukturen schaffen sowie Medienkompetenz fördern. Gleichzeitig fordert sie aber auch ein Recht auf ein Leben ohne Internet und mahnt an, z. B. Geldüberweisungen oder einen Personalausweis zu beantragen sollen künftig auch noch ohne Internet möglich sein (BAGSO-Bundesarbeitsgemeinschaft der Senioren-Organisation e. V., 2017).

Zur kontinuierlichen Unterstützung alterspolitischer Entscheidungsprozesse hat der Deutsche Bundestag die Bundesregierung 1994 aufgefordert, in jeder Legislaturperiode einen Altersbericht vorzulegen. Die Geschäftsstelle der Sachverständigenkommissionen zur Erstellung der Altersberichte der Bundesregierung ist seit 1995 am Deutschen Zentrum für Altersfragen angesiedelt. Der aktuelle Achte Altersbericht wird unter dem Titel „Ältere Menschen und Digitalisierung“ erstellt, um die zunehmenden Technisierungs- und Digitalisierungsprozesse, die auch die Lebenswelten älterer Menschen betreffen, aufzunehmen (Deutsches Zentrum für Altersfragen, o. J. b). Ende Januar 2020 endete die Arbeit der Sachverständigenkommission mit ihrer Übergabe des Berichtes an das Bundesministerium für Familie, Senioren, Frauen und Jugend (Deutsches Zentrum für Altersfragen, o. J. a). Die Aufgabe an die Sachverständigenkommission war, herauszuarbeiten, welchen Beitrag Technik und Digitalisierung zu einem guten Leben im Alter leisten und leisten können. Die im Fokus stehenden Aspekte waren dabei u. a. soziale Teilhabe, und es sollten Fragen nach einem tatsächlichen Mehrwert technischer und digitaler Anwendungen für ältere Menschen ausgeleuchtete werden. Eine zentrale Rolle spielten auch Aspekte des Datenschutzes und der informationellen Selbstbestimmung. Die Stellungnahme der Bundesregierung ebenso der Achte Altenbericht liegen zum aktuellen Zeitpunkt der Öffentlichkeit noch nicht vor. Eine Veröffentlichung des Berichts ist voraussichtlich im Frühsommer 2020 zu erwarten.

2.2 Kunst- und Kulturvermittlung in Museen

„Kunst- und Kulturvermittlung bezeichnet alle Aktivitäten, die das künstlerische und kulturelle Erbe im Kontext der vermittelnden Institution interessierten Personen (Rezipienten) verständlich zugänglich machen und zur Partizipation anregen“ (Gruber, 2006, S. 23). Dabei befinden sich Museen zusätzlich in mehrfacher Hinsicht in einer Umbruchsituation. Der gesellschaftliche und technologische Wandel wird sich auch auf die Arbeitsweisen von Museen auswirken. Das Verhältnis von physischen und digitalen Präsentationen verändert sich, neue Besuchergruppen mit ihren jeweiligen spezifischen Bedürfnissen und Ansprüchen möchten erschlossen werden. Beispiele dazu zeigen bereits virtuelle Museen und Maßnahmen zur Barrierefreiheit.

2.2.1 Auszüge aus Besucherforschung und Programmen in Museen

Senioren sind nicht nur durch die Tatsache, dass sie in absehbarer Zeit die Mehrheit der Bevölkerung stellen werden, eine untersuchenswerte Rezipientengruppe, sondern verglichen mit erwerbstätigen Besuchern verfügen sie zudem über ein deutlich größeres Budget an freier Zeit (Zoch, 2009). Die Besucherforschung generell hat eine verhältnismäßig kurze Tradition. Dabei wird in diesbezüglicher Fachliteratur vor allem eine fehlende Transparenz deutlich. Es wird von: Besuchern, Zielgruppen, Nutzern, gleichfalls auch Kunden, Senioren,

Familien, Schulklassen, Menschen mit Behinderung, Familien, Fach- und Breitenpublikum sowie Nicht-Besuchern gesprochen. Eine Vorstellung davon, welche Zielgruppe Museen erreichen möchten, drückt sich bisher insbesondere in der Gestaltung der musealen Präsentationen aus. Dabei befinden sich Museen jedoch in einer Zwickmühle. Ihre Ambivalenz offenbart sich dabei zum einen in Bemühungen für interessante Ausstellungen und Inszenierungen, die viele Menschen ansprechen, zum anderen durch zu viele Besucher im Haus und damit weniger Spielraum, um Vermittlungsarbeit leisten zu können. Angesichts dessen sind Museumsbesucher fast selbst herausgefordert, in ihrem eigenen Interesse für eine gewisse Balance zu sorgen, große Events kritisch zu hinterfragen und möglicherweise weniger spektakuläre Ausstellungen wahrzunehmen (Zembala, 2015).

Zudem hat sich die Zahl der Museumsbesuche in den letzten 20 Jahren zwar nicht gleichmäßig und stetig, jedoch kontinuierlich und deutlich gesteigert. Im Jahr 1990 besuchten bundesweit 97 Mio. Menschen Museen (Staatliche Museen Preußischer Kulturbesitz Institut für Museumskunde, 1991), 2010 waren es schon ca. 110 Millionen (Staatliche Museen zu Berlin Preußischer Kulturbesitz, 2011), mithin ein Zuwachs von 13 %. Für das Jahr 2018 werden knapp 112 Mio. Besuche ausgewiesen (Staatliche Museen zu Berlin Preußischer Kulturbesitz Institut für Museumsforschung, 2019). 2018 wurde dabei erstmals um Angaben zur barrierefreien bzw. inklusiven Erschließung im Museum gebeten. Von den 4367 beteiligten Museen gaben rund 30 % an, Maßnahmen zur barrierefreien Erschließung durchgeführt zu haben. Diese Entwicklung korrespondiert heute schon und zukünftig mit dem demografischen Wandel.

Diana von Römer betrachtet die Herausforderungen und Chancen des demografischen Wandels für Kultureinrichtungen am Beispiel von Museen in ihrer Untersuchung „Zielgruppen der Zukunft, Migranten und Senioren“ (von Römer, 2014). Sie stellt die Auswirkungen des demografischen Wandels den Herausforderungen für Kultureinrichtungen gegenüber. Sie plädiert für eine Segmentierung von Migranten und Senioren als Kulturnutzer, für zentrale Marketingstrategien zur zukünftigen Angebotsgestaltung und Besucherorientierung sowie für spezielle Angebote für die Zielgruppen.

In äquivalentem Zusammenhang untersucht Esther Gajek u. a. Reaktionen der Museen auf die steigende Lebenserwartung. Sie untersuchte in fünfzig biographischen Gesprächen mit Senioren und teilnehmenden Beobachtungen Seniorenprogramme an Museen (Gajek, 2013). Der Untertitel „Alte Muster – neue Ufer" weist zusammen mit ihrem differenzierten Blick und ihren Erfahrungen auf einen möglichen Paradigmenwechsel hin. Sie untersuchte an vier unterschiedlichen Museumstypen (Historisches-, Technik-, Kunst- und Stadtmuseum) spezielle Programme für Senioren. Sie stellte fest, dass das museale Angebot für Senioren im Gegensatz zu Vermittlungskonzepten für Kinder und Jugendliche wenig profiliert ist. Gleichzeitig „[...] dominierten Konzepte für Stammbesucherinnen und -besucher" (Gajek, 2013, S. 268). Bei den untersuchten Seniorenprogrammen überwog das Rezipieren mit vorbestimmten Inhalten. Inhalte und Methoden der Vermittlung wurden ohne eine Einbeziehung der Senioren (Subjekte) mit ihren spezifischen Interessen entschieden. Seniorenprogramme und damit ihre Teilnehmer wurden unter besonderen Veranstaltungsankündigungen mit defizitären Hinweismerkmalen z. B. über Sitzgelegenheiten und Tageszeiten stigmatisiert. „Die Erfahrungen und Kenntnisse der Gruppe bleiben [...] außen vor; spezifischeren Interessen und Bedürfnissen werden solche Konzepte ebenso wenig gerecht" (Gajek, 2013, S. 269). Dabei erscheinen diese Seniorenprogramme als schonende Vermittlungsmethode, was im Gegensatz zu dem Verlangen der Teilnehmenden steht. Es besteht ein geringer Kenntnisstand über diese Gruppe. Diese ist indes eher an Partizipation und Interaktion interessiert und sucht Wissen und neue Erkenntnisse. Esther Gajek konstatiert aufgrund ihrer Erfahrung eine Notwendigkeit der Erneuerung von Seniorenprogrammen. Ihren Ergebnissen gemein ist dabei insbesondere das Wissen um die Heterogenität z. B. der Gruppe von Frührentnern bis zu Hochbetagten. Dabei ist zu berücksichtigen, dass diese breite Kohorte keine feste Größe darstellt, sondern sich ständig verändert. Diesem Wandel im museumspädagogischen Bereich muss auch Rechnung getragen werden. Museale Programme und Angebote für die Zielgruppe 65+ von heute könnten sich für zukünftige Senioren, die „[...] sogenannten Baby-Boomer, als völlig ungeeignet erweisen" (Gajek, 2013, S. 266).

Zum Themenbereich der Kunst- und Kulturvermittlung mit digitalen Elementen konnte ein Forschungs- und Entwicklungsprojekt, das multimediale Besucherinformationssystem Eye Visit (Gerjets, 2015), eruiert werden, in dem u. a. eine digitale Technologie, ein Multi-Touch-Tisch, im Mittelpunkt steht. Darin wurde unter der Leitung von Prof. Dr. Peter Gerjets vom Leibnitz-Institut für Wissensmedien in Tübingen ab 2013 in Zusammenarbeit mit dem Herzog Anton Ulrich-Museum in Braunschweig ein multimediales Besucherinformationssystem, Eye Visit, entwickelt und realisiert. Für das neue Vermittlungskonzept wurden u. a. spezifische Informationsbedürfnisse von Besuchenden in einer Fragebogenstudie mit 300 Teilnehmenden erhoben. Die Forscher erhielten den Fragebogen von 220 Personen nach ihrer Benutzung des Medientisches zur Auswertung zurück. Mit der Altersvariablen wurde allerdings im Verlauf des Projektes nicht weiter gearbeitet. Es wurden lediglich im Rahmen der Altersstrukturen 15 % der Befragten mit einem Alter von 60+ kategorisiert. Nach einer fachlichen Informationsanfrage der Autorin an die Wissenschaftler konnte ihr zusätzlich ein persönlicher Eindruck über eine positive Annahme des Medientisches durch die betroffenen Senioren geschildert werden. Insbesondere waren die einfache Bedienung sowie Kunstobjekt- und Textvergrößerungen bei diesen Senioren gut angekommen.

Des Weiteren wurde zur Gestaltung und evidenzbasierten Konzeption des Vermittlungsangebotes das Konzept „Evidenzbasierte Entwicklung innovativer Vermittlungsformate zur Unterstützung des Wissenserwerbs" (Gerjets & Schwan, im Druck) entwickelt und im oben genannten Projekt Eye Visit umgesetzt. Die Wissenschaftler entwickelten einen methodischen Ansatz, der kognitionsspychologischen Methoden in aktuelle Modelle des Wissenserwerbs einbringt. Sie wollten damit die Besuchendenforschung bereichern und Museen zukünftig in die Lage versetzen, Vermittlungs- und Ausstellungsangebote gezielt, empirisch fundiert und besucherorientiert zu entwickeln oder ex post sach- und fachgerecht zu beurteilen. Denn auch im aktuellen Wandel, in dem sich die Museen befinden, bleiben sie dauerhaft als Bildungsorte verstanden, vor allem als Medium des Lernens und Wissenserwerbs (Grünewald Steiger, 2016).

Das Rahmenmodell (Gerjets & Schwan, im Druck) besteht aus zwei Prozessketten, in deren Mittelpunkt das zu entwickelnde oder evaluierende Vermittlungsmedium oder Konzept liegt. Für eine museale Vermittlung ist die Integration der Aspekte von motivationalen und kognitiven Prozessketten von hoher Wichtigkeit. Für die Motivation ist entscheidend, Interesse und Neugier aufrecht zu erhalten, Zuversicht und Zufriedenheit zu ermöglichen. Bei den Aspekten der kognitiven Prozesskette stehen Aktivierung von Vorwissen und eine Herstellung von Text-Kohärenz zur Förderung von Verstehensprozessen im Mittelpunkt. Die kognitive Theorie des multimedialen Lernens, KTML Modell (Mayer, 2014), wurde u. a. von den Wissenschaftlern in die Prozesskette Kognition aufgenommen, weil sie für die mentale Verarbeitung der Multimedia-Elemente wie Grafiken, Bilder oder Filme einen detaillierten Erklärungsansatz zur Verfügung stellt. Mayer geht davon aus, dass die Informationen zunächst kanalspezifisch verarbeitet werden und anschließend mit dem Vorwissen aus dem Langzeitgedächtnis kombiniert werden. Er konstatiert mit dieser aktiven Verarbeitung ein effektives Lernen. Aus der Kombination des KTML- (Mayer, 2014) und des Konstruktions-Integrations-Modells des Textverstehens KIM (Kintsch, 1998), bei dem Konstruktion und Integration des Textes simultan ablaufen, ergeben sich für die Wissenschaftler (Gerjets & Schwan, im Druck) durch die multimediale Vielfalt besonders reichhaltige Gedächtnisrepräsentationen bei den Besuchenden. Insgesamt konstatieren die Wissenschaftler mit der von ihnen vorgeschlagenen Rahmenkonzeption eine evidenzbasierte Gestaltung innovativer Vermittlungsformate.

2.2.2 Innovation zum digitalen Element in der Kunst- und Kulturvermittlung

Ein digitales Element, wie oben genannt, das sich im musealen Kontext zur Wissensvermittlung zunehmend verbreitet, steht als Interaktionselement für Senioren im Interesse dieser Untersuchung. Im Folgenden wird zunächst anhand von Auszügen eines Vortrags (Gerjets, 2016) am Leibniz-Institut für Wissensmedien aus der Vortragsreihe „Wie Wissen wächst – Denken, Wissen, Lernen im 21. Jahrhundert" dargelegt, wie digitale interaktive Tische sich entwickeln, welche Besonderheiten (spezifische Medieneigenschaften) sie aufweisen und wie sie in Museen eingesetzt werden.

Mit dem Paradigmenwechsel in der Mensch-Computer-Interaktion (Oviatt & Cohen, 2015) fand nach 40 Jahren ein Interfacewechsel des PC (Personal Computer) statt. Mit grafischer Darstellung am Monitor, einer Tastatur und einer Computermaus als zusätzliches Eingabeinstrument werden aus einem Menü Befehle nicht mehr eingegeben, sondern per Icons oder Texten ausgewählt. Anwendungen öffnen sich in Fenstern zur weiteren Bearbeitung oder Auswahl. Mit der Einführung des iPhone 2007 setzten sich die ersten interaktiven Displays mit Multi-Touch-Interfaces zur Benutzung an neu entwickelten Geräten durch. Hiermit begann eine neue Ära der Bedienung. Die beiden wichtigen Aspekte und intuitive Interaktionsformen sind zum einen der Touch (Berührung mit dem Finger statt mit dem Computermauszeiger) und zweitens eine Steuerung mit Gesten (zoomen, schieben, wischen, drehen), der Multi-Touch. Dabei wurde auf die Interaktionsinstrumente Computermaus und Tastatur zur Bedienung verzichtet. Heute sind Multi-Touch-Geräte weltweit zur dominierenden Mensch-Maschine-Schnittstelle geworden. Smartphone und iPad mit

Multi-Touch sind quasi flächendeckend bei Jugendlichen in Deutschland verbreitet (Medienpädagogischer Forschungsverbund Südwest (mpfs), 2016) und Senioren (Initiative D21 e. V., 2019) haben Interfaces ebenfalls für sich entdeckt. Zeitgleich mit der Einführung des iPhone 2007 entstanden auch Tischcomputer von Microsoft mit dem Produkt Surface als neue Gerätegattung. Dieses Medium ist technisch (Geschwindigkeit, Auflösung, Hardware) so weit entwickelt, dass es sich über die ursprünglichen Einsatzgebiete wie in Hotels, Restaurants oder Messen hinaus zum Einsatz als Konferenztisch (z. B. Diagonale bis 2,10 m und hoher Auflösung) sowie zur Benutzung durch Gruppen mit mehreren Personen anbietet. Das große Display bietet zusätzlich Vergrößerungsmöglichkeiten und eine Darstellung von großen Informationsmengen an.

In die Welt der Museen fanden interaktive Tische Einzug als Anwendungsszenarien zur Kunst- und Kulturvermittlung durch die Forschung des IWM (Leibniz-Institut für Wissensmedien), bei der die neue Technologie (Medieneigenschaften) in Zusammenhang mit Wissenskontexten (Inhalten) und menschlicher Informationsverarbeitung (Psychologie) betrachtet wurde. Die Wissenschaftler eruierten u. a., ob und wie diese technologischen Eigenschaften in musealen Wissenskontexten relevant sein und wie interaktive Tische als Denkwerkzeuge eingesetzt werden können. Zusätzlich entsteht eine weitere Besonderheit bei der Benutzung durch die Bedienung per Touch mit der Hand. Wissenschaftliche Untersuchungen haben bereits gezeigt, dass mit der direkten Berührung der Hand im gezeigten Bild eine stärkere Wissensvermittlung eintritt als bei einer Berührung über Computermauszeiger oder sogar mit einer Berührung auf einem separaten Bildschirm (Leibnitz-Institut für Wissensmedien, o. J.). Ihre speziellen Forschungen mit interaktiven Tischen ergaben u. a. das bereits erwähnte spezielle Einsatzgebiet mit dem multimedialen Besucherinformationssystem, welches im Projekt Eye Visit (Gerjets, 2015) realisiert wurde.

Ein abschließendes Beispiel für innovative Digitalisierung in der Kunst stellt ein Projekt dar, das bereits seit 2011 besteht: Google Arts & Culture (Google Cultural Institute, o. J.). Es handelt sich um eine Web-Anwendung des US-amerikanischen Unternehmens Google Inc. Dabei können Museen und Ausstellungen mit der kostenlosen App „Google Arts & Culture" digital besucht werden, und sogar virtuelle Rundgänge sind möglich. Mehr als 1200 Museen, Galerien und Institute aus über 70 Ländern sind an diesem Projekt beteiligt.

3 Darstellung der empirischen Untersuchung

In diesem Kapitel wird unter Punkt 3.1 die Anlage und Fragestellung der Untersuchung, die Untersuchungsmethodik, das Untersuchungsumfeld, das Referenzmuseum, der Untersuchungsgegenstand und der Medientisch im Museum Ratingen beschrieben. Im Teil 3.2 werden die Untersuchung im realen Umfeld mit den Rahmenbedingungen der Erhebung, die Beschreibung der Explorationsphase mit Beobachtung des natürlichen Felds, das Forschungsdesign, das Untersuchungsszenario im realistischen Umfeld, das finale Sampling der Zielgruppen, die Anbahnung und Durchführungsplanung der Untersuchung sowie Probanden und Stichprobengrößen dargestellt. Zum Abschluss sind unter dem Punkt 3.2.8 detailliert das Datenerhebungsverfahren, die Gestaltung der Leitfadeninterviews, die Erhebungsinstrumente sowie das Transkriptionsverfahren beschrieben.

3.1 Anlage und Fragestellung der Untersuchung

Diese Orientierungsstudie wird als qualitative Untersuchung durchgeführt, um die zentralen Bedeutungen von Handlungszielen, Absichten (Bedürfnisse und Motivationen) und mögliche Hemmschwellen einer bestimmten Zielgruppe (Senioren) herauszufinden. Der qualitative Ansatz folgt einem Menschenbild, in dem sich der Mensch aus eigenen Erfahrungen eine individuelle Realität erschafft. „Der Mensch ist kein ‚Objekt', das passiv hinnimmt, was immer die externe Wirklichkeit bietet, sondern ein ‚Akteur', der sich aktiv und bewusst mit der

Außenwelt auseinandersetzt und aus dieser Auseinandersetzung die eigenen Schlussfolgerungen ableitet (d. h. er baut eine eigene Realität auf)" (Cropley, 2011, S. 48). Vor diesem Hintergrund sind die Senioren in der vorliegenden Studie auch Akteure, die den Rahmen ihres Erkenntnisinteresses selbst abstecken, indem sie die Möglichkeiten, die das digitale Medium bietet, weniger oder stärker nutzen. Durch die Interaktion mit dem Medium erfolgt ein Wissenszuwachs einerseits an Erkenntnissen und andererseits an Erfahrungen im Umgang mit derartigen Medien, und damit entsteht eine neue Realität.

Die vorliegende Studie untersucht, wie Senioren ein digitales Element zur Kunst- und Kulturvermittlung im musealen Rahmen wahrnehmen und wie sie ihre Erfahrung mit diesem Medium deuten. Für die forschungsleitende Fragestellung ist dabei von Interesse ob sie es „wollen" (Bedürfnisse, Motive) und ob sie es „können" (digitale Medienkompetenz, funktionelle, kognitive und motorische Fähigkeiten). Für den Bereich der Kunst- und Kulturvermittlung sind die Antworten von Interesse, wie Senioren digitale Elemente zur Kunst- und Kulturvermittlung einschätzen und ob sie möglicherweise Mehrwerte für sich dabei erkennen. Gleichfalls ist von Interesse, wie Mitarbeiter des Museums (Fremdbild, Sicht aus einem Teil der Gesellschaft) ihre Besucher im Umgang mit digitalen Medien wahrnehmen, was sie bei deren Interaktionsverhalten beobachten und wie sie es deuten.

3.1.1 Untersuchungsmethodik

Die Vorgehensweise orientiert sich an den fünf Grundsätzen des qualitativen Denkens nach Philipp Mayring. Dabei fordert er eine starke Subjektbezogenheit, Betonung von Deskription, Interpretation und eine Untersuchung in einer natürlichen Umgebung statt in einem Labor. Ziel ist es, über einen Verallgemeinerungsprozess generalisierte Ergebnisse präsentieren zu können (Mayring, 2002). Vor diesem Hintergrund ist für die Entwicklung und Strukturierung der zu behandelnden Forschungsfrage ein Bezugssystem bedeutsam, in dem zeitgenössische Erfahrungen einer bestimmten Generation (hier Senioren) mit der gesellschaftlich relevanten Herausforderung (hier Digitalisierung) im Rahmen ihrer kulturellen Präferenz (der museale Raum und sein Personal) untersucht werden.

Die Datenerhebung zur Forschungsfrage wird anhand strukturierter Leitfaden-Interviews durchgeführt. Die Senioren sollen direkt nach ihrer Wahrnehmung und Interaktion mit dem spezifischen digitalen Medium (Medientisch) interviewt werden.

Die Forschungsfrage wird mit spezifischen Zielgruppen und in einer realen Situation im Feld untersucht. Ziel ist es, möglichst viele Facetten aus der Interaktion mit dem Objekt und die Wahrnehmung durch die Zielgruppen zu erhalten.

Zur Evaluierung der forschungsleitenden Fragestellung, „wollen" und „können" Senioren im musealen Raum mit digitalen Medien zur Kunstvermittlung interagieren, stehen folgende Elemente im Zentrum dieser Untersuchung:

- das Referenzmuseum
- der interaktive digitale Medientisch vor Ort (digitales Werkzeug zur Kunst- und Kulturvermittlung)
- die Zielgruppen (Senioren und Museumsmitarbeiter als Experten)
- deren Wahrnehmung und Interaktion von und mit dem Medium.

3.1.2 Untersuchungsumfeld und Referenzmuseum

Eingebettet in eine Museumslandschaft bestehend aus ca. 6800 Museen mit rund 110 Mio. Besuchen in Deutschland, ist die Felduntersuchung zu dieser Studie im Museum Ratingen verortet. Dabei handelt es sich um eine kommunale Einrichtung, ein städtisches Museum. Die

Stadt Ratingen liegt im Bundesland Nordrhein-Westfalen und ist die größte Stadt des Kreises Mettmann im Regierungsbezirk Düsseldorf. Ratingen hat rund 92 000 Einwohner. Davon sind nach dem Melderegister der Stadt vom 31.12.2018, 24,9 % 65 Jahre und älter (Stadt Ratingen Amt für Stadtplanung, Vermessung und Bauordnung-Statistikstelle, Melderegister, 2018).

Das Museum der Stadt Ratingen beherbergt u. a. die städtische Sammlung moderner Kunst und die kulturhistorische Ausstellung zur Geschichte und Entwicklung Ratingens. 2012 wurde das Museum mit umfangreichen Baumaßnahmen grundlegend modernisiert.

Die Dauerausstellung „Ratingen – seit 1276“ wurde 2016 neu konzipiert und in zeitgemäßer Präsentation eröffnet. Die physischen Exponate wurden dabei mit einer digitalen Medieninstallation (Medientisch) erweitert, an der die Besucher zusätzliche Hintergründe zur Stadtgeschichte abrufen können. Historische Artefakte und Persönlichkeiten der Geschichte der Stadt werden vorgestellt.

Abb. 1: Medientisch im Museum Ratingen

Seit seiner Gründung 1991 ist ein Förderverein, Freunde und Förderer des Museum Ratingen e. V., dem Museum verpflichtet und unterstützt dessen Arbeit auf vielfältige Weise. Dazu gehörte u. a. die Neukonzeption der stadtgeschichtlichen Abteilung mit der Installation des Medientisches. Die über 100 Mitglieder verstehen sich als Liebhaber der Kunst, des Museums und ihrer Stadt. Der Freundeskreis selbst agiert aktiv, plant regelmäßig eigene Veranstaltungen, kunsthistorische Exkursionen und Atelierbesuche. Seine Ziele sind, die Sammlungsschwerpunkte des Museums zu fördern und auch den Ankauf von Kunstwerken zu unterstützen. Die Mitglieder des Fördervereins kristallisierten sich bei der Konzeption des Samplings als Merkmalsträger bestimmter Indikatoren und Variablen heraus und werden damit als Zielgruppe für diese Untersuchung interessant.

3.1.3 Untersuchungsgegenstand

In der Sozialwissenschaft bilden immer Subjekte den Untersuchungsgegenstand. Nach Taylor und Bogdan (1998, S. 25) gibt es zwei Arten von Untersuchungsgegenständen: sie können entweder „substanziell“ oder „formal“ sein. Ziel der Untersuchung eines substanziellen Gegenstandes ist die Gewinnung eines eingehenden Verständnisses bezüglich einer spezifischen Umgebung, bzw. die Herausarbeitung einer detaillierten Beschreibung von Verhaltensweisen unter speziellen Bedingungen. Das bedeutet in diesem Fall, u. a. die Wahrnehmung, innere Einstellung (Motivatoren, Nutzungsverhalten, Intentionen) zu und den individuellen Umgang der Senioren mit dem Medientisch im Museum zu untersuchen und damit tiefere Erkenntnisse zu gewinnen.

Sozialwissenschaftler charakterisieren die Ziele empirischer Untersuchungen mit dem Entdeckungszusammenhang. Dieser erschließt sich aus Erklärungs- und Begründungszusammenhängen. Mit den Forschungsergebnissen aus der Anwendung wissenschaftlicher Methoden und belegter Datenerhebung können mögliche Erweiterungs- oder

Verbesserungspotenziale (Verwertungszusammenhang) für zukünftige zielgruppenspezifische Gestaltungskonzepte digitaler Elemente zur Wissens- und Kunstvermittlung aufgezeigt werden. Ebenfalls können bisherige Vermutungen ggf. überprüft, verworfen oder bestätigt als Ausgangspunkt zu weiterführenden Untersuchungen eingesetzt werden.

3.1.4 Der Medientisch im Museum Ratingen

Der digitale Medientisch ist ein ideales Präsentationsmedium, um komplexe Zusammenhänge zu vermitteln. In ihm sind Informationen digital gebündelt und ermöglichen ein tiefes anschauliches Eindringen in die kompakte Zusammenfassung der Stadtgeschichte. Interessierte Besucher können die Stadtgeschichte der Stadt Ratingen intuitiv und interaktiv erschließen.

Abb. 2: Medientisch mit Menü-Auswahl über Themen

Das Museum erteilte einen Projektauftrag an eine Gesellschaft für Medientechnologie und Kunst zur technischen Realisierung. Damit sollte die historische Entwicklung der Stadt Ratingen von der Frühzeit bis heute an einem Medientisch vermittelbar sein. Als Grundlage diente das vielfältige Kartenmaterial, welches die Stadtgröße und Stadtentwicklung in unterschiedlichen Epochen zeigt. Die für eine Epoche jeweils relevanten Themen und Gebäude wurden durch Hotspots auf den Karten verortet. Die Tischoberfläche vor Ort misst 160 x 100 cm und funktioniert wie ein überdimensionaler Touchscreen, auf den die gewünschten Informationen senkrecht von oben projiziert werden.

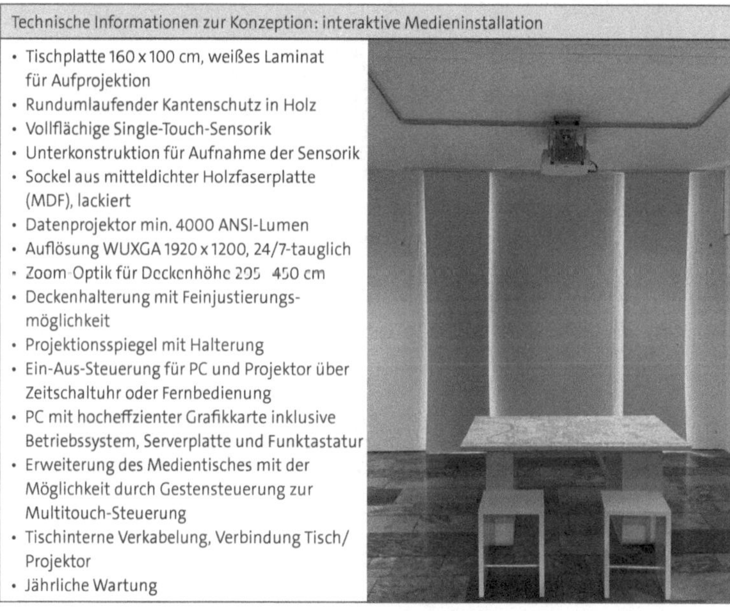

Technische Informationen zur Konzeption: interaktive Medieninstallation

- Tischplatte 160 x 100 cm, weißes Laminat für Aufprojektion
- Rundumlaufender Kantenschutz in Holz
- Vollflächige Single-Touch-Sensorik
- Unterkonstruktion für Aufnahme der Sensorik
- Sockel aus mitteldichter Holzfaserplatte (MDF), lackiert
- Datenprojektor min. 4000 ANSI-Lumen
- Auflösung WUXGA 1920 x 1200, 24/7-tauglich
- Zoom-Optik für Deckenhöhe 295–450 cm
- Deckenhalterung mit Feinjustierungsmöglichkeit
- Projektionsspiegel mit Halterung
- Ein-Aus-Steuerung für PC und Projektor über Zeitschaltuhr oder Fernbedienung
- PC mit hocheffzienter Grafikkarte inklusive Betriebssystem, Serverplatte und Funktastatur
- Erweiterung des Medientisches mit der Möglichkeit durch Gestensteuerung zur Multitouch-Steuerung
- Tischinterne Verkabelung, Verbindung Tisch/Projektor
- Jährliche Wartung

Abb. 3: Technische Information zur Konzeption und interaktive Medieninstallation

Die Basisanwendung erfolgt über eine Menüauswahl, die sich individuell auch an neue Projekte und aktuelle Sonderausstellungen und deren Themen anpassen lässt sowie mit Video- und Tonprojektionen oder einer Multi-Touch-Steuerung durch Gesten erweiterbar ist.

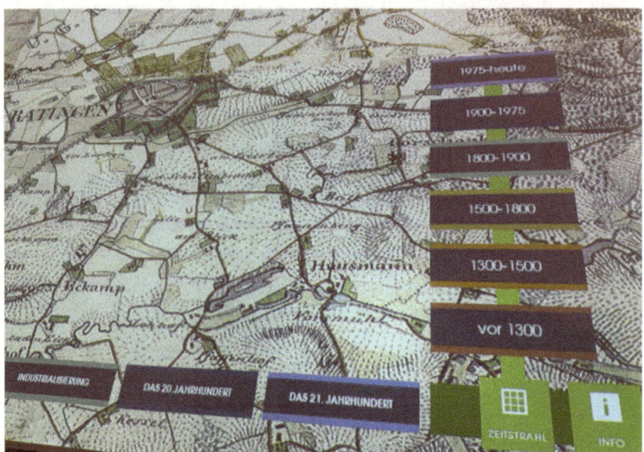

Abb. 4: Medientisch mit Menü-Auswahl über Zeitstrahl

Mit der selbstverständlichen Berührung (dem Touch) einer ausgewählten Stelle (Icon, Bild, Menüpunkt oder Button) auf der Oberfläche des Tisches erfolgt die Bedienung der interaktiven Applikation.

Abb. 5: Medientisch mit Menüauswahl zur Industrialisierung über Menüpunkt „Cromford“

Hiernach eröffnen sich nach Wunsch die Inhalte (Bilder, Karten, Zeittafeln, Texte, Videos oder Audios) oder auch weiterführende Menüpunkte zur vertiefenden individuellen Auswahl.

Abb. 6: Medientisch mit Menüauswahl zur Industrialisierung über Icon „Park"

Abb. 7: Medientisch mit Menüauswahl über Menüpunkt „Das 21. Jahrhundert"

Die stadtgeschichtlichen historischen Artefakte sollten durch vertiefende Erläuterungen mittels digitaler Medientechnik ergänzt werden. Ein spielerischer Einstieg sollte mit einer Kombination von ansprechender Grafik und interaktiver Benutzbarkeit dazu animieren, Wissen über geografische Zusammenhänge und die historischen Entwicklungen des Ortes zu erkunden.

Abb. 8: Medientisch mit Menüpunkt Video „Rundflug“

Mit der Aktivierung der Hotspots gelangen die Besucher zu Texten, Bildern und Videos. Als Highlight wurde ein animierter 3D-Rundflug erstellt und implementiert. Er bringt den Betrachter auf seiner Reise über die Region bis zum Mittelpunkt der Stadt, auf den heutigen Marktplatz (nahe dem Museum).

Die Konzeption des Medientisches aus kuratorischer Sicht umfasst tiefere Aspekte. Das Spektrum der museumspädagogischen Vermittlungsweisen steht auch in Ratingen unter dem Einfluss demographischer Verschiebungen und technologischer Innovationen. Die folgenden Ziele und Aspekte entstammen einem Gespräch mit der Museumsleitung (Interview IntlMW1).

Vor dem Hintergrund des digitalen Wandels in Museen sollte zunächst ein zeitgemäßer Zugang zu kulturhistorischen Inhalten entstehen, der Bezüge herstellt und durch Sprache und Bilder vermittelt. Geschichte an sich ist sehr dokumentenlastig und als Objekt wenig anschaulich. Mit Hilfe der digitalen Installation ist es möglich, den Zwiespalt zu überwinden „zwischen einem sperrigen Thema und dessen interessanter Vermittlung" (Interview Int1MW1). Zum Beispiel wurde die in einer Vitrine ausgestellte Stadterhebungsurkunde transkribiert und aus dem Lateinischen übersetzt. Damit ist sie in Latein und in Deutsch am Medientisch komfortabel und deutlich zu lesen und zu verstehen. Die Ausstellung in den Museumsräumlichkeiten wird somit nicht überlastet und den Besuchern steht es frei, welche Informationen sie je nach ihrem individuellen Interesse abrufen und vertiefen möchten. Der Unterschied zwischen dem Medientisch und der originären Ausstellung ist aus Sicht der Kunstvermittlung vergleichbar mit dem zwischen einem Buch als Wissensmedium und einem originären Artefakt. Ein Buch hat tendenziell eine lineare Struktur. Der Medientisch funktioniert im Prinzip wie ein Buch aber mit medialer Brechung. Das Buch wird hiermit dreidimensional, bietet eine erweiterte Struktur und einen Blick aus der Vogelperspektive.

Der Medientisch verzichtet auf Originale, hat aber den Vorteil diverser Animationsmöglichkeiten wie Videos, Bilder und Ton. Das bedeutet, er kann die Informationen auf mehreren Wegen senden und verschiedene Sinnesebenen der Besucher ansprechen. In der Ausstellung sind es die Artefakte, die als wesentlicher Bestandteil helfen, Sachzusammenhänge zu erschließen. Digital über den Medientisch bekommt der Besucher aus der Fläche einen neuen Blickwinkel mit bewegten Bildern. Er hat die wesentlichen Exponate aus der Ausstellung noch in Erinnerung und kann sie dann am Medientisch wiederfinden und bequem für längere Zeit in die gewünschten Epochen eintauchen. Artefakte aus der Ausstellung können digital animiert dabei unterstützen, Sachzusammenhänge über den Medientisch individuell zu erschließen. Der Medientisch spricht sowohl die Sinne als auch das Erkenntnisinteresse an. Der Besucher kann je nach seinem Bedürfnis hier aktiv in einen sehr direkten Dialog treten, der weder durch eine Glasfläche noch einen Monitor gebrochen wird.

Als Zielgruppe eines städtischen Museums stehen „die Bevölkerung“ und eine barrierefreie Benutzung ihres Museums im Fokus. Der Medientisch ist aus mehreren Positionen individuell bedienbar. Stehend, aber auch mit zwei Hockern zum Sitzen oder auch aus einem Rollstuhl heraus durch unterfahrbare Raumfreiheit.

Trotzdem geht die Konzeption auf typische Besuchergruppen mit besonderen Maßnahmen und Aspekten ein. Mit dem Medientisch werden explizit Schüler und Jugendliche durch ihre bereits vorhandene mediale Schulung angesprochen. Gleichzeitig bietet der Medientisch einen niederschwelligen Einstieg zur Kunst- und Kulturvermittlung in einem Museum an. Für Senioren, als eine typische und aktive Besuchergruppe, wird von den Kuratoren der Reiz des Neuen impliziert. Die Inhalte sind so ausgerichtet, dass sie nach individuellem Zeit-Rhythmus erschlossen und erkundet werden können. Interaktive und intuitive Bedienung durch Berührung mit den eigenen Händen unterstützt eine individuelle eigenständige Verknüpfung mit den einzelnen Epochen, Orten und Ereignissen.

3.2 Die Untersuchung im realen Umfeld am Medientisch

Der Medientisch, seine Platzierung und sein Umfeld im Referenzmuseum Ratingen.

Abb. 9: Medientisch im oberen Foyer

Der klassische Zugang führt über eine breite, einmal abgewinkelte Treppe aus dem unteren in das obere Foyer des Museums Ratingen. Von hier aus eröffnen sich mehrere Möglichkeiten:

Ein breiter Durchgang bietet einerseits den Eintritt in die stadtgeschichtliche Ausstellung, ein weiterer offener Durchgang führt in die jeweils aktuelle Sonderausstellung. In dem quadratischen Raum des oberen Foyers selbst befindet sich an der offenen Seite über dem Treppenaufgang ein 7 Meter langes, aktuelles fotografisches Panoramabild des Stadtkerns der Stadt Ratingen (Abb. 10). Unterhalb dieses Bildes steht eine gepolsterte Sitzbank in gleicher Länge. Hier ist auch der Punkt, an dem Führungen durch die stadtgeschichtliche Ausstellung beginnen.

Abb. 10: Oberes Foyer mit Panoramabild über Sitzbank

Auf die gegenüberliegende Wand ist ein White Board, in vergleichbarer Größe des Panoramabildes, aufgebracht. Es ist als ein interaktives Medium konzipiert, auf dem Besucher ihre eigenen Gedanken zu ihrer Stadt mit einem Stift aufschreiben können. Es handelt sich um ein klassisches Medium, das alle Altersgruppen sehr aktiv nutzen. Inmitten dieser Konstellation ist der Medientisch nicht direkt als künstlerische Intervention, aber designorientiert im hinteren Drittel des Raumes platziert (Abb. 1). Aus Sicht der Kuratoren ist er Ausgangs- und Endpunkt zur stadtgeschichtlichen Ausstellung und konzeptionell auch integraler Bestandteil der Dauerausstellung „Ratingen – seit 1276". Diese Position stellt sich im weiteren Verlauf der Erhebung als ein interessantes Element bei der Frage nach seiner Wahrnehmung heraus.

3.2.1 Rahmenbedingungen der Erhebung

Die Forscherin möchte herausfinden, wie Senioren in Museen auf ein digitales Element reagieren, wie sie es wahrnehmen und mit ihm interagieren, ob sie es wollen und können. Dieses menschliche Verhalten soll in einer natürlichen Situation, im „Feld", wie es oben beschrieben wurde, untersucht werden. Ein zentrales Gütekriterium qualitativer Forschung ist dabei die Zusammenstellung des Samples, also der Fälle (z. B. zu interviewende Personen oder teilnehmende Beobachtungen), die untersucht werden sollen. Die Fälle werden dabei nicht zufällig ausgewählt, sondern nach inhaltlicher Repräsentativität (Lamnek, 2008). Daher erfolgte die Auswahl der Befragten in dieser Arbeit zielgerichtet und bewusst. Nicht alle Besucher eines Museums können gleich gut für eine Befragung erreicht werden. Das Publikum des Referenzmuseums erscheint dabei zudem keineswegs einheitlich.

Typische stark oder weniger frequentierte Zeiten und Tage während der normalen Öffnungszeiten (Dienstag–Sonntag 11–17 Uhr) konnten der Forscherin seitens des Museums nicht genannt werden. Ebenso werden die Museumsbesucher in Bezug auf ihr Alter, den Bildungsgrad oder Familienstand nicht kategorisiert. Die Museumsmitarbeiter führen handschriftlich eine quantitative Besucherliste. Dabei wird nicht differenziert, welchen Teil des Museums und welche Ausstellung genau ein Besucher aufsucht. Die durchschnittliche Besucheranzahl liegt zwischen 150 und 300 Besuchern pro Monat. Dabei sind auch Besucher von Ausstellungseröffnungen, Veranstaltungen des Fördervereins, Künstlergesprächen usw. enthalten. Weitere Aspekte, ob z. B. Besucher zu Erst- oder Stammbesuchern zählen oder aus dem direkten Umfeld des Museums kommen oder als Tourist in Ratingen sind, werden in der zuvor genannten Besucherstatistik nicht erfasst. Die museumspädagogischen Angebote zielen mit ihren Ausstellungsinszenierungen, Veranstaltungen und Vermittlungsformen gleichzeitig auch auf mehrere Zielgruppen, einige richten sich an ein bestimmtes Publikum (z. B. Schüler, seltener Senioren).

3.2.2 Explorationsphase und Beobachtung des natürlichen Felds

Um sich einen wirklichkeitsnahen Eindruck (Besucherfrequenz im oberen Foyer, Wahrnehmung des Medientisches, Interaktionen mit dem Medientisch, Reaktionen der Benutzer) des Settings rund um den Medientisch im Alltag des Museumsbetriebs zu verschaffen, hielt sich die Forscherin längere Zeit im Feld auf und ließ sich auf die Akteure und das Milieu ein. Sie führte an acht unterschiedlichen Wochentagen und zu verschiedenen Tageszeiten eigene teilnehmende Beobachtungen vor Ort durch und protokollierte diese ebenfalls direkt vor Ort. Die unverfängliche Beobachtungsrolle wurde von der Forscherin kurzfristig dabei verlassen, wenn sich ein Handlungsspielraum für eine kurze Frage an die Besucher zeigte. Dabei kristallisierten sich zwei typische Beobachtungszenarien (A und B) heraus:

Beobachtung A, Donnerstag, 14. März 2019 im Museum Ratingen, oberes Foyer, Sitzbank unter Panoramabild

Beginn der Beobachtung: 14.15 Uhr

Keine Besucher, Museumsmitarbeiterinnen führen ihre Routine-Rundgänge durch.

15:25 Uhr. Vier Besucher betreten das obere Foyer, ein Besucher geht am Medientisch vorbei und schaut ihn dabei an. Er geht aber weiter. Die Panoramafotografie (Luftbildaufnahme der Stadt Ratingen) wird ausgiebig betrachtet.

15:30 Uhr. Ein männlicher Besucher schaut auf den Medientisch und geht dann in weitere Museumsräume.

15:50 Uhr. Die vier Besucher kommen als Gruppe wieder in den „Vorraum" und gehen zur Treppe zum Verlassen des oberen Foyers, ohne den Medientisch wahrzunehmen. Die Forscherin befragt dabei dann eine männliche Person der Gruppe mit Hinweis auf den Medientisch.

Frage: Wie haben Sie diese Installation wahrgenommen?

Antwort: Überhaupt nicht, wir sind daran vorbeigegangen und haben es angeschaut, haben es nicht wahrgenommen, weil meine Aufmerksamkeit auf das Plakat an der Wand mit der Überschrift „Meine Stadt ist für mich…" gelenkt wurde. Möchte aber wissen, was die beiden Frauen sagen, bitte fragen Sie sie! Die Forscherin stellt die gleiche Frage an die beiden Frauen der Gruppe. Die Frauen antworten beide: Haben wir nicht wahrgenommen.

Frage: Warum nicht?

Antwort einer Frau: Weil die weiße Wand und der helle weiße Tisch und Stühle überhaupt nicht aufgefallen sind. Wären die Fenster dahinter zu sehen und nicht mit weißen Flächenvorhängen verdeckt, dann fiele es mehr auf. In diesem Moment wechselt die Illumination (das Einstiegsbild) auf der Medientischoberfläche. Weiterer Kommentar der Frau: Oh ja, wenn sich etwas darauf bewegt, ist es auch auffälliger.

Die Forscherin zieht die weißen Flächenvorhänge zur Demonstration auf und die Frau kommentiert: Ja, jetzt fallen der Tisch und die beiden Stühle auf. Alle vier Personen verlassen danach gemeinsam das obere Foyer, ohne den Medientisch zu bedienen.

Ende der Beobachtung: 16:40 Uhr

Beobachtung B, Donnerstag, 21. März 2019 im Museum Ratingen, oberes Foyer, Sitzbank unter Panoramabild

Beginn der Beobachtung: 12:30 Uhr

Es findet eine typische Mittagsführung durch die Stadtgeschichte statt. Die Volontärin des Museums beginnt mit der Führung im oberen Foyer vor dem fotografischen Panoramabild mit Erläuterungen zum typischen eiförmigen Aufbau der Stadt. Es folgt eine Führung durch die stadtgeschichtliche Ausstellung. Die Führung endet wieder im Raum des oberen Foyers am Medientisch. Hier wird der Gruppe das digitale Medium und die Inhalte kurz erläutert. Am Beispiel der in Latein transkribierten und übersetzten Stadterhebungsurkunde wird den Besuchern die Funktionalität und Bedienung des Medientisches erklärt. Anschließend wird ihnen angeboten sich am Medientisch weitere Details und Informationen in Ruhe anzuschauen. Von den zwölf beteiligten Besuchern verlassen sechs Personen das obere Foyer. Zwei Personen gehen noch einmal zurück in die Ausstellung. Museumsmitarbeiterinnen durchstreifen die Räume auf ihrem Routine-Rundgang. Vier Personen stellen sich um den Medientisch herum um versuchen sich einen Überblick und Orientierung mittels des Auswahlmenüs zu verschaffen. Eine Person beginnt mit Berührungen (Touch) eines ausgewählten Icons auf der Tischoberfläche und die umstehenden Personen verfolgen das Geschehen. Die zugeordneten Informationen und Bilder öffnen sich und der Besucher betrachtet, liest oder hört die medialen Präsentationen. Zeitgleiche oder mehrere schnelle Touchs von mehreren Personen auf diverse Icons führen allerdings zu Störungen und Irritationen des Programms. Die Personen tauschen sich darüber aus. Eine komfortable Bedienung und Betrachtung sind nur aus einer Perspektive, direkt von der langen Frontseite des Tisches aus möglich. Das Menü und die Präsentationen sind auch ausschließlich auf diese Perspektive ausgerichtet. Dies führt dazu, dass sich die Personen die außerhalb dieser komfortablen Perspektive stehen, abwenden und das Foyer ebenfalls verlassen. Die beiden bedienenden Personen vertiefen in Absprache miteinander ihre Interessen und beschäftigen sich noch 15 Minuten mit dem Medientisch.

Ende der Beobachtung: 13.30 Uhr

Aus den zufällig terminierten teilnehmenden Beobachtungen im Feld, emergierten sich vier wichtige Untersuchungsbefunde:

- Geringe Besucherfrequenz im oberen Foyer
- Geringe Interaktionshäufigkeit mit dem Medientisch
- Altersvariable (60+) nicht sicher zu ermitteln
- Medientisch ist idealerweise max. von zwei Personen bedienbar

Zusätzlich spielen weitere Faktoren eine nicht unerhebliche Rolle. Zum einen sind die zufällig angetroffenen Besucher nicht auf eine Befragung und die damit verbundene Selbsteröffnung vorbereitet. Es erschien der Forscherin auch nicht angemessen, diese Besucher während ihres individuellen Museumsbesuchs mit einer wissenschaftlichen Befragung durch ein förmliches Interview zu belästigen oder zu stören. Außerdem bestehen keinerlei Indikatoren, ob Besucher mit einer musealen Sphäre vertraut sind oder es sich um „Neuland" für sie handelt. Das bedeutet, es ist nicht erkennbar: „... welche Personen sind die Gesprächspartner, die über das für meinen Untersuchungsgegenstand adäquate Wissen verfügen?" bzw. sind die Personen „mit denen ich sprechen möchte, ausreichend darüber informiert?“ (Cropley, 2011, S. 103). Da diese Untersuchung speziell im Kontext des kulturellen Rahmens von Kunst- und Kulturvermittlung als Strukturmerkmal stattfindet und hierbei ein neues zusätzliches digitales Element einbezogen werden soll, würde die Bandbreite der Aussagen von Personen gänzlich ohne bisherigen physischen bzw. kognitiven Bezug zur Sphäre von Kunst- und Kulturvermittlung vermutlich sehr weit sein und der Zielfokus aus der Differenzierung von Kunst- und Kulturvermittlung ohne bzw. mit digitalen Elementen im Umfang der zeitlichen und persönlichen Ressourcen in dieser Untersuchung nicht deutlich genug erreicht werden. Um alle Besucher zu befragen, würde die Untersuchung mit einer Totalerhebung den hier zur Verfügung stehenden Rahmen sprengen. Des Weiteren würde es viel Zeit in Anspruch nehmen, eine auswertbare Anzahl von Senioren (Strukturmerkmal) im Museum am Medientisch anzutreffen und diese nach ihrer Interaktion mit dem Element unvorbereitet befragen zu können oder zusätzliche Termine für ein Interview zu vereinbaren. Daher wird im weiteren Verlauf dieser Untersuchung mit einer Quotenauswahl gearbeitet.

Ein bis dahin vorgedachtes Erhebungsszenario mit zwei Fokusgruppen inkl. Video und Ton-Dokumentation mit fünf bis zehn zuvor ausgewählten Personen wurde verworfen. Zum einen wären die Anbahnungsabläufe für eine bestimmte Anzahl von Besuchern zu langfristig und risikoreich in Bezug auf die wirkliche Teilnahme (kurzfristige Absagen), und zum zweiten sind aufgrund der technischen und ergonomischen Bedingungen zur Bedienung und der dabei entstehenden Diskussionen Gruppen (mit mehr als zwei Personen) nicht geeignet. Zusätzlich lässt das individuelle Kommunikationsverhalten von Teilnehmern während einer Fokusgruppe unter Umständen nicht alle Beteiligten gleichwertig zu Wort und Äußerungen nach einer Interaktion mit dem Stimulus kommen. Das bedeutet auch, dass die von der Forscherin gesuchten Schilderungen und Wahrnehmungen subjektiver Erfahrungen nicht zu Tage treten könnten. Ebenfalls könnten persönliche und individuelle Schwächen z. B. im Bereich des kulturellen Wissens oder der Medienkompetenz zu Hemmnissen bei der Interaktion mit dem Medium führen und Äußerungen dazu in der Gruppe vermieden werden. Zudem birgt diese Form das Risiko, dass kommunikationsstarke Personen dominieren und dabei wertvolle Hintergründe und Motive zurückhaltender Personen nicht zu Tage treten könnten.

3.2.3 Forschungsdesign: Zielgruppen und Erhebungszenario

Mit den Ergebnissen der Voruntersuchungen im Feld kristallisierten sich zur Beantwortung der forschungsleitenden Fragen folgende Strukturmerkmale und Determinanten für das Forschungsdesign und die Zielgruppen heraus.

- Besucher/Senioren mit einem chronologischen Alter von mindestens 60 Jahren mit nach oben offener Altersgrenze
- Das kulturelle Umfeld eines Museums gehört zu ihrer Lebenswelt.
- Museumsmittarbeiter ohne Altersvariable, als Experten
- Bereitschaft der Probanden, an der wissenschaftlichen Untersuchung inkl. eines anonymisierten Interviews teilzunehmen

Der Indikator des chronologischen Alters ab 60 Jahren orientiert sich für diese Untersuchung an den Phänomenen der Verjüngung des Alters. Zum einen meint die Verjüngung des Alters eine tatsächliche, kalendarische, da die wenigsten Erwerbstätigen tatsächlich mit 65 Jahren in den Ruhestand gehen (Zoch, 2009). Zusätzlich lag schon 2005 das gesamtdeutsche durchschnittliche Rentenzugangsalter für Männer bei 60,9 Jahren und bei 61,4 Jahren für Frauen. Die Lebensarbeitszeit wird sich zwar wieder verlängern, aber noch nicht für die Generation der Baby-Boomer (Deutsches Zentrum für Altersfragen, 2007).

Durch ihre Routinen im Untersuchungsfeld (Meuser & Nagel, 2010) boten sich die vor Ort tätigen Museumsmitarbeiter als Experten an. Ihr Sonderwissen aus Beobachtungen der Besucher oder Nichtbesucher des Medientisches auf ihren täglichen Routinerundgängen machte sie für die Forscherin interessant. Der Fokus dieser Interviews lagt nicht allein auf der Person des Befragten, sondern wollte zusätzlich deren Erfahrungs- und Beobachtungsbestände im Untersuchungsumfeld herausfiltern. Dabei war die Auswahl der Experten nicht mit formalen Kriterien zu belegen, sondern wurde für diese Studie aus der Tatsache ihrer Berufsrolle, als Mitarbeiter des Museums, abgeleitet. Das Forschungsinteresse lag bei ihnen in ihrem Fremdbild als Teil eines gesellschaftlichen Umfelds und zielte auf ein kontrastierendes Bild ab. Die Forscherin ist sich bewusst, dass eine klare Differenzierung zwischen den persönlichen und den beobachteten und bewerteten Schilderungen der Experten nicht eindeutig möglich ist (Verschmelzungen). Jedoch erschien es der Forscherin aufgrund ihrer Voruntersuchung als Bereicherung, diese zusätzliche Beobachtungsquelle mit einzubeziehen.

3.2.4 Untersuchungsszenario zur Datenerhebung im realistischen Umfeld

Das Szenario fungiert zum einen als standardisierter Rahmen einer immer gleichen Ausgangssituation und zum zweiten als Impuls möglicher Interaktionen mit dem digitalen Element, dem Medientisch, der jeweiligen Besucher/Probanden.

Untersuchungsszenario

Es erfolgt (nach vorheriger Terminvereinbarung) jeweils eine typische Führung der jeweiligen Probandengruppe, der Senioren, durch die Stadtgeschichte mit erheblich verkürztem Ablauf (ca.

15–20 Minuten). Sie schließt am Medientisch mit den üblichen Hinweisen und Erläuterungen zum Einstieg in eine Interaktion.

Jeder Durchlauf des Szenarios wird von derselben Museumsmitarbeiterin (Volontärin) durchgeführt. Anschließend soll eine 15–30-minütige interaktive Phase am Medientisch mit max. zwei Probanden erfolgen.

Daran schließt sich die einzelne Befragung der Gesprächsteilnehmer durch die Forscherin mittels des strukturierten Leitfaden-Interviews an.

Dieses Szenario zielt darauf ab, keine Laboruntersuchung, sondern ein Umfeld zu erhalten, das im Rahmen einer Feldforschung so nah wie möglich an eine realistische Situation anknüpft.

3.2.5 Finales Sampling der Zielgruppen

Für das Sampling der Fälle wird in dieser Untersuchung ein bewusstes qualitatives Auswahlverfahren angewendet.

Die aus den vorgenannten Ergebnissen analysierten Merkmale der Fälle für diese Untersuchung führten die Forscherin zu den Mitgliedern des Fördervereins; zum einen im Sinne eines pragmatischen und typischen Samplings und zum zweiten sind es diejenigen Personen, die aufgrund ihrer Merkmale in der Lage sein werden, der Forscherin für diese Untersuchung relevante Informationen zu liefern. Sie zeichnen sich durch ihr hohes Engagement (aktiver Lebensstil), ehrenamtliche Ausübung ihrer z. B. Vorstandstätigkeiten und durch ihre Liebe zur Kunst aus. Gleichfalls sind sie mit einem kulturellen musealen Umfeld vertraut und bestehen zu einem hohen Anteil aus Mitgliedern im gewünschten Seniorenalter von 60+. Zudem bestand die berechtigte Vermutung, die sich bei der späteren Analyse bestätigte, dass diese Personengruppe bisher kaum Interaktionen mit dem digitalen Medium Medientisch hatte und ihn teilweise noch nicht einmal bewusst wahrgenommen hatte.

In Kooperation mit der Museumsleitung und der Vorsitzenden des Fördervereins des Museums, die beide an der wissenschaftlichen Studie interessiert waren, konnte die Forscherin somit die strukturlegenden Voraussetzungen planen und organisieren.

3.2.6 Anbahnung und Durchführungsplanung der Untersuchung

Die Anbahnung zur Rekrutierung der Probanden aus den Mitgliedern des Fördervereins erfolgte durch die Vermittlung ihrer Vorsitzenden als Gatekeeper. Sie ermöglichte damit einen neutralen und datengeschützten sicheren Zugang zu den potenziellen Probanden des Untersuchungsfelds.

Ein Anschreiben der Forscherin mit Beschreibung des empirischen Vorhabens und der gesuchten Variablen der demografischen Daten wurde von der Vorsitzenden per E-Mail an den Verteiler der Mitglieder des Fördervereins gesendet. Die Mitglieder konnten sich danach frei entscheiden und direkt an den genannten Kontakt der Forscherin wenden oder an die Vorsitzende, die den Kontakt wiederum an die Forscherin weiterleitete. Die Resonanz der Senioren war sehr positiv. Hervorzuheben ist dabei, dass als Kontaktmöglichkeiten zur Forscherin die Kanäle Adresse, Telefon und E-Mail genannt wurden. Alle interessierten Probanden meldeten sich per E-Mail (auch gesendet vom Smartphone) zum größten Teil direkt bei der Forscherin als Teilnehmer an, u. a. mit Äußerungen einer 83-jähriger Seniorin, die per E-Mail anfragte, ob sie auch mitmachen dürfte, obwohl sie über 80 Jahre alt sei.

Das Informationsschreiben der Forscherin enthielt zusätzlich eine Tabelle mit einer Übersicht zu Terminangeboten. Dies führte zu Terminvereinbarungen (per E-Mail).

Aus dem Kreis des Fördervereins nahmen acht Personen teil. Weitere drei Personen meldeten sich aus dem Bekanntenkreis der Mitglieder. Sie sind ebenso mit einem musealen Umfeld vertraut und entsprechen auch der Alterszielgruppe Senioren 60+.

Die Rekrutierung von Mitarbeitern des Museums als Experten bezüglich eines Interviews erfolgte durch persönliche Anfragen der Forscherin an die vor Ort tätigen Personen. Die vereinbarten Interviews wurden in einem Raum abseits des Publikumsverkehrs durch die Forscherin jeweils mit einer Mitarbeiterin geführt. Die Altersvariable ist für diese Zielgruppe kein Auswahlkriterium, jedoch teilten einige Mitarbeiter ihr Alter themenbedingt der Forscherin mit. Dieses wurde in den anonymen Interview-Transkribierungen auch dokumentiert. Die Museumsmitarbeiter wurden zuvor durch die Museumsleitung persönlich über das Forschungsprojekt informiert. Ihnen wurde ausdrücklich die Genehmigung zu einem Experteninterview im Dienste der Wissenschaft erteilt. Ihre Teilnahme ist nicht verpflichtend, sondern freiwillig und wurde während ihrer Tätigkeitszeiten durchgeführt. Alle Mitarbeiter des Museums im Publikumsverkehr sind weiblich.

3.2.7 Probanden und Stichprobengrößen

Insgesamt wurden im Rahmen der vorliegenden Studie 20 Personen befragt. Die Gruppe der Besucher/Probanden umfasst elf Personen und ist gemischtgeschlechtlich. Die Gruppe der Museumsmitarbeiter/Experten besteht aus neun Personen und ist ausschließlich weiblich. Aufgrund dieser vergleichsweise kleinen Stichproben im Rahmen dieser Studie kann kein Anspruch auf Repräsentativität und Generalisierbarkeit erhoben werden, jedoch können typische Varianten z. B. des Nutzungsverhaltens aufgezeigt werden. Die Auswahl der Befragten in dieser Arbeit erfolgte bewusst aus typischen Sphären (Mitarbeiter des Referenzmuseums und Besucher mit Museumserfahrung), innerhalb dieses Rahmens jedoch zufällig bzw. freiwillig.

Eine Übersicht findet sich in den folgenden Tabellen:

Tab. 1: Demografische Daten Besucher/Probanden

Demografische Daten Besucher/Probanden								
Besucher Museum	Altersgruppe 1	Altersgruppe 2	Altersgruppe 3	Altersgruppe 4	Altersgruppe 5	weiblich W	männlich M	Alter
	60-65	65-70	70-75	75-80	80-85			
IntB 1	x					x		65
IntB 2	x					x		62
IntB 3			x			x		73
IntB 4			x				x	75
IntB 5					x	x		83
IntB 6				x		x		77
IntB 7			x			x		70
IntB 8			x				x	72
IntB 9			x				x	74
IntB 10			x			x		70
IntB 11	x					x		65
nGes.=11	nA1=3	nA2=0	nA3=6	nA4=1	nA5=1	nW=8	nM=3	71,45

Tabelle Besucher/Probanden; Int = Interview; B = Besucher/Proband; W/M = weiblich/männlich; A = Altersgruppe; Cod. Nr. 1–11

Die Altersspanne der Teilnehmer in der Probandengruppe beträgt 62 bis 83 Jahre und das Durchschnittsalter ist 71,45 Jahre. Gut die Hälfte der Befragten in der Altersgruppe 3, sechs Personen, sind zwischen 70 und 75 Jahre alt. In der Altersgruppe 2, 65–70 Jahre, gab es keine Probanden. Für diese Tatsache fand sich auch im Laufe der Untersuchung und Analyse keine annähernd wissenschaftliche Erklärung und sie wurde auch nicht weiter untersucht. Weiterführende soziodemografische Daten wie Berufsabschluss, Schul-/Hochschulbildung, soziales Milieu, Lebensform etc. wurden für diese Untersuchung nicht explizit erhoben, jedoch in den Interviews von den Probanden von sich aus teilweise geschildert. Die Geschlechterverteilung fällt mit 8 : 3 zugunsten der Frauen aus.

Tab. 2: Interviewliste Personal/Experten

Gruppe Personal/Experten		
Personal Museum	weiblich	männlich
IntM 1	x	
IntM 2	x	
IntM3	x	
IntM4	x	
IntM 5	x	
IntM 6	x	
IntM 7	x	
IntM 8	x	
IntM 9	x	
nGes.=9	9	

Int = Interview; M = Museumsmitarbeiter; Cod. Nr. 1–9

Das Alter der Gruppenmitglieder Personal/Experten war zum Zeitpunkt der Planung dieser Untersuchung keine Variable, wird jedoch in den Ergebnissen aufgrund von überraschenden Besonderheiten weiter kommentiert.

3.2.8 Datenerhebungsverfahren: Gestaltung der Interviewleitfäden und Erhebungsinstrumente

Für diese Untersuchung wurde die Methode des strukturierten Leitfadeninterviews mit offenen Fragen und Erzählaufforderungen ausgewählt. Dabei sollte ein möglichst natürlicher Gesprächsverlauf ermöglicht werden, um umfassende Informationen zu gewinnen. Die Leitfragen geben Spielräume, um auf Themen, die sich durch interessante Aussagen ergeben, flexibel einzugehen. Ebenso können unerwartete Aspekte der Probanden zum Forschungsprojekt aufgenommen werden. Dieser Ansatz ermöglicht es, im Gegensatz zu standardisierten Fragebögen mit vorgegebenen Antwortkategorien und Bewertungsstrukturen, individuelle Informationen der Befragten aufzunehmen. Liegen doch viele Bedürfnisse, Motive und Beweggründe der Probanden nicht immer klar auf der Hand, sondern erscheinen im Verborgenen verbunden mit verschleierten Aussagen und unbewussten Handlungsmustern. Die Entschlüsselung erfolgt in der anschließenden Analysephase mit Schwerpunkt u. a. in der Abstrahierung und Generalisierung der substanziellen Aussagen.

Die Entwicklung des Leitfadens orientierte sich an den Forschungsfragestellungen und dient dem Zweck, die enthaltenen tieferen Aspekte (Wahrnehmung, Wollen, Können) unbedingt anzusprechen. Für diese Studie wurden dazu folgende drei thematische Blöcke des Fragebogens festgelegt:

Der erste Teilabschnitt zielt auf die individuelle Wahrnehmung des Medientisches im Museum ab. Diese Frage korrespondiert mit Fragen im dritten Teil, in denen nach der Wahrnehmung und Bedeutung des digitalen Mediums Medientisch im Bereich der Kunst- und Kulturvermittlung geforscht wird.

Der mittlere Teil der Fragen zielt auf die Interaktionsaktivitäten und das Nutzungsverhalten. Dabei richten sich die Fragen an die Mitarbeiter in ihrer Rolle als Beobachter, die Fragen an die Probanden als Anwender.

Wollen Senioren die bestehende digitale Installation Medientisch im Museum Ratingen nutzen? Und wie reagieren sie, wie ist ihr Interaktionsverhalten, welche Motive und Bedürfnisse treiben sie dazu an?

Können Senioren dieses digitale Angebot nutzen (z. B. kognitiv, motorisch, mit ausreichender bzw. vorhandener oder fehlender Medienkompetenz)?

Mit den Fragen des dritten Blocks soll herausgefunden werden, wie digitale Elemente unmittelbar im Themenfeld der Kunst- und Kulturvermittlung auf Senioren wirken. Wollen Senioren digitale Elemente (hier den Medientisch) zur Kunstvermittlung (Information, Wissenszuwachs, Erkenntnisinteresse) nutzen?

Dies stellt aus Sicht des Museums ein besonderes Interessensgebiet dar. Bereits bei der Konzeption des Mediums Medientisch wurden dazu erste grundlegende Aspekte berücksichtigt (Int1MW1); zum einen in technologischer Hinsicht durch Erweiterungsmöglichkeiten der Anlage und zum anderen, um auch Senioren zur Nutzung anzuregen. Daher werden Äußerungen zur Usability mit z. B. den Aspekten der Benutzerfreundlichkeit ebenso mit großem Interesse verfolgt.

Nicht zuletzt ist Ziel der Forscherin, einen aktuellen Status aus diesem Wirklichkeitsausschnitt von Menschen im Seniorenalter mitten im digitalen Zeitalter zu dokumentieren und zu analysieren.

3.2.8.1 Interviews mittels leitfadengestützter Fragebögen

Die zu behandelnden Themenfelder drücken sich im Detail in den folgenden Leitfragen aus. Im Vordergrund stehen die Evaluierung und Deutung der Motive für die Nutzung des Medientisches durch die Besucher sowie die Erhebung der Beobachtungen der Experten. Im Leitfadeninterview kommen die Menschen tatsächlich zu Wort. Absicht ist es, ihre subjektiven Erfahrungen durch ihre Schilderungen aufzunehmen. Die Fragen sind so konstruiert, dass sie eine Erzählaufforderung beinhalten, und dem Interviewer stehen Hinweise zu Nachfragen zur Verfügung. Das Merkmal der Offenheit qualitativer Studien bietet den Raum dazu.

3.2.8.2 Leitfadengestützter Erhebungsbogen für die Befragung der Besucher/Senioren

Tab. 3: Interviewleitfaden für Besucher/Probanden

Interview: Besucher/Probanden

Einführung in das Interview:
- Vorstellung der Forscherin - Bedanken für die Bereitschaft und Zeit an der empirischen Untersuchung teilzunehmen - Erläuterung und Hinführung zum Thema der Masterarbeit - Erklärung der Vorgehensweise - Vertraulichkeit und Datenschutz erläutern und Einverständniserklärung zur Dokumentation des Interviews als Tonaufnahme mit dem iPad bestätigen lassen - Frage nach Unklarheiten oder Besonderheiten des Interviewpartners - Tonaufnahme und Interview beginnen

Nr. Time Code/	Text/Leitfrage	Nachfrage
1.	Wie haben Sie den Medientisch hier im oberen Foyer des Museums wahrgenommen?	Als was? Was hat Sie bewogen, daran zu gehen? Was hat Sie angezogen?
2.	Sie haben sich längere Zeit mit dem Medientisch beschäftigt. Würden Sie mir bitte etwas über Ihren Eindruck, den Sie jetzt darüber haben, erzählen?	
3.	Wie haben Sie die Präsentation der Inhalte empfunden?	
4.	Wie haben Sie die Bedienung empfunden?	
5.	Wie haben Sie die Inhalte gefunden?	Wie gefallen Ihnen die Auswahlmöglichkeiten?
6.	Bestanden oder bestehen aus Ihrer Sicht irgendwelche Hemmnisse oder Hindernisse, die der Benutzung bzw. dem Kontakt des Medientisches im Wege stehen?	Wenn ja, welche?
7.	Gibt es jetzt, nach der Benutzung, Mehrwerte für Sie?	Wenn ja, welche?
8.	Wie haben Sie die Inhalte gefunden?	Wie haben Ihnen die Auswahlmöglichkeiten gefallen?
9.	Gibt es aus Ihrer Sicht Verbesserungen, die Sie sich im Zusammenhang mit dem Medientisch vorstellen könnten?	Welche?
10	Würden Sie den Medientisch noch einmal benutzen?	
	Welchen Beitrag leistet der Medientisch aus Ihrer Sicht zur Kunst- und Kulturvermittlung hier im Museum?	Neugierig machen? Attraktivität des Museums?
11.	Welchen Unterschied nehmen Sie bei der Stadtgeschichte wahr zwischen Vermittlung in der Ausstellung und hier digital am Medientisch?	
12.	Ist es auch Ihrer Sicht wichtig, Erfahrung mit einem Smartphone oder Ähnlichem zu haben, um diesen Medientisch zu bedienen?	
13	Gibt es aus Ihrer Sicht noch etwas, was ich nicht gefragt habe, aber interessant wäre?	
	Vielen Dank!	

3.2.8.3 Leitfadengestützter Erhebungsbogen für die Befragung der Mitarbeiter/Experten

Tab. 4: Interviewleitfaden für Mitarbeiter/Experten

Interview Mitarbeiter/Experten

Einführung:
- Vorstellung
- Danke für die Bereitschaft und Zeit an der empirischen Untersuchung teilzunehmen
- Erläuterung und Hinführung zum Thema der Masterarbeit
- Erklärung der Vorgehensweise
- Vertraulichkeit und Datenschutz erläutern und Einverständniserklärung zur Dokumentation des Interviews als Tonaufnahme mit dem iPad
- Frage nach Unklarheiten oder Besonderheiten des Interviewpartners
- Tonaufnahme und Interview beginnen

Nr. Time Code/	Text/Leitfrage	Nachfrage
1.	Erzählen Sie mir bitte etwas darüber, wie Sie selber als Mitarbeiterin des Museums die Installation Medientisch wahrnehmen und was er für Sie bedeutet?	
2.	Was können sie mir über die Besucherwahrnehmung des Medientisches erzählen?	Was konnten Sie bisher dabei beobachten?
3.	Welche Altersgruppen der Besucher konnten Sie an dem Medientisch bisher beobachten?	Schüler, Besucher im Erwerbstätigenalter, Senioren/Rentner, hochaltrige Menschen über 80 Jahre
4.	Werden Ihnen von den Besuchern Fragen zu dem Medientisch gestellt?	Welche Fragen werden Ihnen gestellt?
5.	Welche Vorgehensweise würden Sie den Besuchern am Medientisch empfehlen?	Wie sollte ein Besucher damit umgehen?
6.	Können Sie sich vorstellen, dass es noch etwas gibt, um Besuchern den Medientisch näher zu bringen?	
7.	Welchen Beitrag leistet der Medientisch aus Ihrer Sicht zur Kunst- und Kulturvermittlung für die Besucher?	Könnten Sie sich vorstellen, dass er speziell einen Mehrwert für die Kunst-Vermittlung an Senioren hat? Sehen da Vorteile?
8.	Können Sie sich vorstellen, dass eine gelungene Bedienung des Medientischs zu mehr Nutzung von anderen digitalen Elementen/Medien im Alltag inspiriert?	z.B. Fahrkartenautomaten, Smartphone, Tablet
9.	Bestehen aus Ihrer Wahrnehmung Hemmnisse, Berührungsängste oder Unsicherheiten von Besuchern mit diesem Medium?	
10	Sollte es aus Ihrer Sicht mehr Hinweise auf diese Installation geben?	Was würden Sie Vorschlagen, um den Medientsich noch interessanter darzustellen?
11.	Könnte das Museum auf den Medientisch verzichten?	Welche Mehrwerte bietet der Medientisch für das Museum und für die Besucher?
12.	Möchten Sie mir vielleicht außerdem noch etwas mitteilen, was aus Ihrer Sicht bedeutsam/wichtig wäre?	Oder ist Ihnen etwas Interessantes aufgefallen?
	Vielen Dank!	

3.2.8.4 Erhebungsinstrumente und Transkriptionsverfahren

Die Interviews entstanden im Zeitraum vom 14.03.2019 bis 26.06.2019 im Museum Ratingen. Die durchgeführten Interviews hatten eine Gesprächsdauer zwischen sechs und maximal 30 Minuten. Alle Erhebungsgespräche wurden persönlich durch die Forscherin im Museum Ratingen geführt. Forscherin und der jeweilige Besucher saßen sich dazu auf der Sitzbank unterhalb des Panoramabildes im oberen Foyer in der Atmosphäre des Medientisches gegenüber. Die Situation entsprach bei jedem Besucher dem gleichen Ablauf, wie er im Szenario zur Datenerhebung im realistischen Umfeld beschrieben wurde.

Zur Einführung des Interviews wurde mit den obligatorischen Erläuterungen begonnen (s. unter Einführung der Fragebögen). Zu Beginn bedankte sich die Forscherin für die Bereitschaft zur Teilnahme, stellte sich vor und erläuterte ihr Vorhaben. Auch die Anonymität wurde hier ein weiteres Mal zugesichert. Damit konnte eine mögliche anfängliche Befangenheit genommen werden und beide Parteien konnten auch ihre Sprachvariationen, z. B. eine verständliche Lautstärke und Geschwindigkeit des Sprechens, anpassen.

Die Interviews (gesprochene Sprache) wurden mit einem Aufnahmegerät, Modellname iPad Pro (12,9 Zoll, 3. Generation), Modelnummer MTJ62FD/A, Seriennummer DLXY6191KC58 der Firma Apple Inc., aufgezeichnet. Auf dem iPad Pro war in diesem Zeitraum die Softwareversion 12.4.1 (16G102) installiert. Zur Aufnahme wurde die vorinstallierte App „Sprachmemos“ benutzt. Hiermit wurde der tatsächliche Ausdruck der Befragten festgehalten und sichergestellt, dass Inhalte nicht verloren gehen.

Zur weiteren Vorbereitung der Analyse wurden die aufgenommenen elektronischen Prozessdaten transformiert und aufbereitet. Die Transkriptionen wurden von der Forscherin selbst durchgeführt. Sie stellen eine Ergänzung der elektronischen Aufnahmen dar und dokumentieren das flüchtige Gesprächsverhalten dauerhaft für die wissenschaftliche Analyse (Kowal & O´Connell, 2017). Dabei wurden verbale, nur wenn von besonderem Ausmaß auch prosodische und parasprachliche Merkmale oder nichtvokale Gesten des Gesprächs und des Gesprächsverhaltens verschriftet. Ziel war es, etwaige Besonderheiten transparent zu machen und diese der Auswertung zur Verfügung zu stellen. Als Transkriptionsformat wurde jeweils eine Tabelle mit drei Spalten gewählt. In der ersten Spalte wurden der Time Code, in der zweiten Spalte der Gesprächsbeitrag und in der dritten Spalte Schlagworte oder betreffende Kategorien dokumentiert. Fragen und Antworten wurden abwechselnd und separat pro Zeile dokumentiert. Die Gesamtdauer jedes Interviews, Datum, Interviewer und anonymisierter Proband (codiert mit z. B. IntB1WA1 und IntM1WA4) wurden ebenfalls dokumentiert. Bei der Codierung steht:

IntB/IntM für Interview Besucher bzw. Interview Mitarbeiter, W oder M für weiblich oder männlich und A für Altersgruppe 1–5.

Die Altersgruppen umfassen jeweils fünf Jahre und sind separat in der Tabelle Besucher dargestellt.

Für die weitere Datenaufbereitung und Auswertung wurden alle Interviews anschließend in eine Excel-Datei überführt. Hiermit stehen die Materialien zur systematischen Textanalyse bereit.

3.3 Analyseverfahren und Kategoriensystem

3.3.1 Analyseverfahren der erhobenen Daten

Zum Umgang mit Texten schlägt Philipp Mayring drei Grundtechniken qualitativer Inhaltsanalyse vor (Mayring, 2008):

- Eine Zusammenfassung, die den Text auf seine wesentlichen Bestandteile reduziert, um so zu Kernaussagen zu gelangen. Die induktive Kategorienbildung stellt dabei eine wichtige Vorgehensweise dar.

- Explikationen, die an unklaren Textstellen ansetzen und sie durch Rückgriff auf den Textstellenkontext verständlich machen.
- Strukturierungen, durch die im Textmaterial Querauswertungen vorgenommen und bestimmte Aspekte herausgefiltert werden. Dazu wird mit vorab deduktiv gebildeten Kategorien gearbeitet, anhand derer das Material weiter systematisiert und präzisiert wird.

Zur wissenschaftlichen Auswertung der systematisch verlaufenden Felduntersuchung wird in der vorliegenden Untersuchung das Verfahren der qualitativen zusammenfassenden Analyse gewählt. Dabei besteht bei qualitativen Auswertungen im Gegensatz zu quantitativen (Cropley, 2011) das Ziel, im Kern den Sinn der subjektiven Aussagen zu begreifen (Mayring, 2008). Das Konzept der Inhaltsanalyse enthält dazu vier zentrale Grundgedanken, die in der vorliegenden Untersuchung durch die Forscherin folgendermaßen berücksichtigt wurden:

1. Ziel der Analyse im Rahmen des betreffenden Kommunikationsmodells
Diese Untersuchung hat das Ziel, Erfahrungen, Einstellungen und Gefühle (Handlungs-, emotionale und kognitive Gründe) der Probanden, hier Senioren und Experten, zu einem digitalen Element in einem musealen Umfeld (sozio-kultureller Objektbereich) zu evaluieren.

2. Regelgeleitetheit
Hierbei wird das erhobene Textmaterial einem inhaltsanalytischen Ablaufmodell folgend schrittweise in Analyseeinheiten bearbeitet (Mayring, 2008). Diese wurden für diese Untersuchung wie folgt definiert:

- Auswertungseinheit: jedes Interview entspricht einer Auswertungseinheit

- Kontexteinheit: vollständige Antworten der interviewten Probanden
- Kodiereinheit: bedeutungsvolle Sätze, Textbausteine und Begriffe

3. Kategorien

Zur Kategorienbildung wird aus den Fragen der Forschungsarbeit eine erste grobe Struktur erstellt. Dazu spezifizierte die Forscherin aus der übergeordneten Fragestellung der Forschungsarbeit weitere Unterfragen. Diese Fragen wurden als erste Kategorien genutzt. Um die folgenden Auswertungsaspekte so nah wie möglich an und aus dem Textmaterial zu entwickeln, folgte die Autorin dem Ablauf der induktiven Kategorienbildung. Im Verlauf wurden Kategorien zu Überkategorien zusammengefasst oder Unterkategorien gebildet (Überprüfung des Kategoriensystems), die je nach Fragestellung später auch nach quantitativen Aspekten ausgewertet wurden.

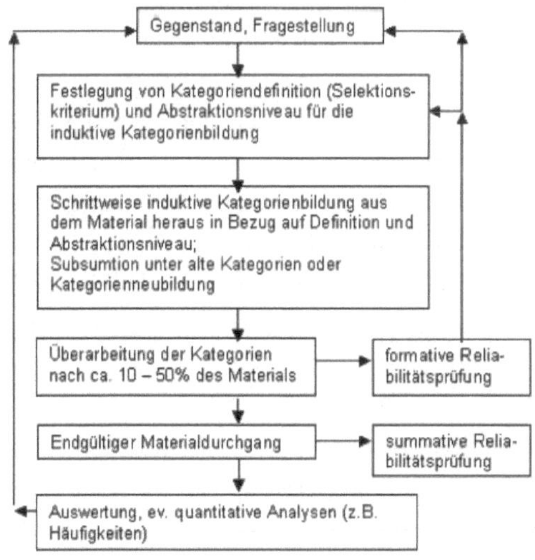

Abb. 11: Ablaufmodell induktive Kategorienbildung (Mayring, 2000)

4. Gütekriterien

Ein wichtiges Gütekriterium in qualitativen Studien ist ihre Nachvollziehbarkeit. Um den Anforderungen einer formalen Genauigkeit zu entsprechen und gleichzeitig eine Reproduzierbarkeit zu ermöglichen, wurden die Schritte zur Festlegung der Analyseeinheiten (s. 2. Regelgeleitetheit) beschrieben. Alle Arbeitsschritte zur Textanalyse sind in dem für diese Untersuchung entwickelten Kategoriensystem nachvollziehbar dokumentiert.

3.3.2 Kategoriensystem

„In der qualitativen Inhaltsanalyse wird eine Kategorie als ein Bezeichner oder etwas Bezeichnendes verstanden, dem Textstellen zugeordnet werden“ (Kuckartz, 2007, S. 57). Ziel ist es, ein Kategoriensystem zu erstellen, in welchem für die Auswertung relevant erscheinende Aspekte festgelegt werden. Es werden somit Teile des Textes nach bestimmten Merkmalen in Kategorien gebündelt. Mit genauem und wiederholtem Lesen der einzelnen Interviewtranskripte soll vermieden werden, dass Textpassagen möglicherweise übersehen werden, die zu einer vorhergehenden oder späteren Fragestellung gehören. Denn gerade bei den angewendeten Leitfadeninterviews erscheinen möglicherweise Aspekte des Befragten in einer Antwort, die in einen anderen Kontext gehören (Schmidt, 2008).

Aus den verdichteten Aussagen der transkribierten Texte formulierte die Forscherin folgende erste übergeordnete Kategorien:

- Wahrnehmung des digitalen Elements Medientisch
- Interaktion und Nutzerverhalten „Wollen“
- Digitale Medienkompetenz „Können“
- Beitrag zur Kunst- und Kulturvermittlung für Senioren
- Wahrnehmung der Besucher aus Expertensicht

Für die Analysearbeiten entwarf die Autorin als Werkzeug eine Excel Tabelle. Sie bildet das Kategoriensystem ab. Alle transkribierten Interviews (Senioren und Experten) wurden im Zeilenmodus, Fragen und Antworten, in jeweils eine Zeile eingefügt. Mit 674 Zeilen und 15 Spalten steht ein kompaktes überschaubares Ausgangsmaterial, naturalistisch abgebildet, in einer Datei zur Verfügung. Im ersten Teil der Tabelle (Zeile 4 bis 366) wurden die Interviews der Senioren analysiert und im zweiten Teil (Zeile 367 bis 674) die Texte der Experten. Die Struktur der Tabelle wurde so angelegt, dass zu jeder Kategorienausprägung eine Zuordnung zur entsprechenden Textstelle nachvollziehbar ist. Ebenso ermöglicht diese Struktur, in Anwendung des regelgeleiteten Ablaufs der induktiven Kategorienbildung, eine Subsumtion in bereits angelegte Kategorien oder die Bildung neuer Kategorien sowie Unterkategorien während des Analyseprozesses. Gleichfalls dokumentieren definierte Selektionsentscheidungen anhand von Merkmalen, welche Textbestandteile unter eine Kategorie fallen.

Die Struktur der Tabelle wird nachfolgend an Hand ihrer Spalten und Zeilenüberschriften dargestellt. Die mit allen analysierten Interviews komplettierte Tabelle (Qualitative zusammenfassende Inhaltsanalyse V5 final.xlxs) steht als elektronische Datei bei der Autorin zur Verfügung.

Tab. 5: Struktur der Tabelle zur qualitativen Inhaltsanalyse, Teil 1, eigene Entwicklung

Zusammenfassende qualitative Inhaltsanalyse:				**Kategorien, die unter der Berücksichtigung der Forschungsfrage und induktiv angelegt wurden**			
Int-Code	Time Code	Text, original mit Primärtextstellen Frage/Antwort abwechselnd pro Zeile	Reduktion siehe Text mit roter Markierung,	Kategorien K1-Kx >>>>>>	**K 1** **Wahrnehmung des digitalen Elements, Medientisch**	**K 2** **Interaktion und Nutzerverhalten** Motivation/wollen	**K 2.1** Unterkategorie **Interaktion und Nutzerverhalten** Motivation/wollen
			Aspekte und Argumente die im Vordergrund stehen, ggf. Generalisierung	Merkmale und Ausprägungen	subjektive Wahrnehmung und Deutung	Bedürfnisse, Spieltrieb, Unterhaltungswert, Emotionen, Vergnügen	Wissenszuwachs, Überblickswissen, Geschichtsinteresse, Bildungshunger,
IntB/M	00:00	Fragen/Antworten					

Int = Interview; Cod Nr; B = Besucher; M = Museumsmitarbeiter;

Tab. 6: Struktur der Tabelle zur qualitativen Inhaltsanalyse, Teil 2, eigene Entwicklung

Kategorien, die unter der Berücksichtigung der Forschungsfrage und induktiv angelegt wurden					
K 3 **Digitale Medienkompetenz** können	**K 3.1** **Digitale Medienkompetenz** Überraschungs-erkenntnis	**K 4** **Kunst- und Kulturvermittlung** bezogen auf den Medientisch aus Expertensicht	**K 5** **Wahrnehmung der Besucher am Medientisch** aus Expertensicht	**K 6** **Altersgruppen am Medientisch** aus Expertensicht	**K 7** **Stigmatisierung Älterer** aus Expertensicht Überraschungs-erkenntnis
Fähigkeit,Technologien bedienen zu können, Bedienerfreundlichkeit, medienbezogene Handlungskompetenz	Angst vor neuer Technik, Hemmnisse überwinden	inkl. digitalem Erfahrungsfeld	Kompetenzen der Experten u. Senioren, Nutzerverhalten	Schüler, Erwerbstätgige, Senioren, Hochaltrige	Pauschalisierung von Kompetenzen und Unvermögen

Die voranstehenden Kategorien aus der Tabellenstruktur der qualitativen Inhaltsanalyse und Textanalyse werden nachfolgend beschrieben:

K1 Wahrnehmung des digitalen Elements Medientisch aus der Seniorenperspektive

Hierbei ist das Hauptmerkmal die erste subjektive Wahrnehmung des Medientisches, die ein Proband schildert. Die Äußerungen ihrer Eindrücke und Attribute, die Besucher dem Medientisch dabei zuschreiben, bilden hier die Merkmale und Regeln zur Einordnung in diese Kategorie. Die Forscherin zielte darauf ab, die visuelle Wahrnehmung des Objektes in seiner kuratorischen Präsentation zu kategorisieren. Die Antworten sollten Erkenntnisse darüber liefern, ob und als was Senioren dieses Element visuell wahrnehmen. Wie deuten Besucher diese Installation?

K1 Wahrnehmung des digitalen Elements Medientisch aus der Expertenperspektive

In dieser Kategorie wurde die Wahrnehmung der Mitarbeiter des Museums in ihrer Rolle als Experten analysiert. Einordnende Merkmale sind Beschreibungen ihrer inneren Einstellung zu diesem digitalen Element.

K2 und K2.1 Interaktion und Nutzerverhalten bezogen auf das „Wollen" aus der Seniorenperspektive

Die Antworten der Probanden über ihren Eindruck nach ihrer Interaktion mit dem Medientisch wurden in der Kategorie K2 gebündelt. Dabei dienen Bedürfnisse und Motivationen mit Merkmalsausprägungen wie Unterhaltungswerte, Emotionen, Spieltrieb und Vergnügen als Definitionskriterien.

Zur weiteren Differenzierung wurde induktiv eine Unterkategorie K2.1 bezogen auf das „Wollen" mit den Merkmalsausprägungen Wissenszuwachs, Überblickswissen, Geschichtsinteresse und Bildungshunger angelegt.

K3 und K3.1 Digitale Medienkompetenz bezogen auf das „Können“ der Senioren

Prägende Merkmale der Kategorie digitale Medienkompetenz K3 sind in erster Linie Elemente der Bedienerfreundlichkeit (Handlungsdimension). Ebenso wurden alle Merkmale dieser Kategorie zugeordnet, die sich auf die medienbezogene Handlungskompetenz der Senioren beziehen. Dies sind insbesondere die auditiven und taktilen Sinneseindrücke der Probanden aus der Interaktion mit dem digitalen Element. Mit den Antworten sollen Erkenntnisse über die Fähigkeit der Senioren gewonnen werden, mit digitalen Medien umzugehen.

Die Kategorie K3.1 wurde induktiv angelegt und bündelt Äußerungen mit den Merkmalsausprägungen Risiken und Chancen der Interaktion mit dem digitalen Element Medientisch.

K4 Kunst- und Kulturvermittlung bezogen auf den Medientisch aus der Seniorenperspektive

Vor dem Hintergrund eines gewaltigen Umbruchs der Kunst- und Kulturvermittlung in Museen im digitalen Zeitalter und einer gleichzeitig bisher ungeliebten tiefgründigen Besucherforschung stehen bei dieser Kategorie die Äußerungen im Mittelpunkt, wie diese digitale Vermittlungsform von der speziellen Zielgruppe Senioren angenommen und gedeutet wurde. Daher besteht für die Ergebnisse dieser Kategorie ein besonderes Interesse. Wie erleben Senioren diese Form der Kunst-und Kulturvermittlung? Die Kriterien der Zuordnung wurden mit Merkmalen der visuellen, auditiven und taktilen Wahrnehmung definiert. Weitere Zuordnungskriterien sind Deutungen, die Senioren in diesem digitalen Erfahrungsfeld im musealen Raum gemacht haben, und Eigenschaften, die sie dem digitalen Element bei der Kunst- und Kulturvermittlung zugeschrieben haben.

K4 Kunst- und Kulturvermittlung bezogen auf den Medientisch aus der Expertenperspektive

Alle Äußerungen der Experten über den Beitrag, den der Medientisch aus ihrer Perspektive zur Kunst- und Kulturvermittlung leistet, wurden in dieser Kategorie gebündelt. Die Merkmale der Zuordnung sind alle Äußerungen aus den täglichen Erfahrungen und Deutungen der Experten, die als Mehrwerte zur Kunst- und Kulturvermittlung aus der Nutzung des Medientisches beobachtet und dem Medium zugeordnet wurden.

K5 Wahrnehmung der Besucher aus Expertensicht

Die Beobachtungen der Experten des Verhaltens und der Interaktionen der Besucher am Medientisch wurden in dieser Einheit gebündelt. Merkmale bilden alle Verhaltensauffälligkeiten und Nutzungsaktivitäten, die der Forscherin von den Experten geschildert wurden.

K6 Altersgruppen am Medientisch aus Expertensicht

In dieser Kategorie wurden die Äußerungen der Experten über ihre Beobachtungen, welche Altersgruppen von Besuchern mit dem Medientisch interagieren, gruppiert. Merkmale zur Einschätzung waren Altersgruppen nach Schülern, Besuchern im Erwerbstätigenalter, Senioren und hochaltrigen Menschen, d. h. über 80-Jährige.

K7 Stigmatisierungen am Medientisch aus Expertensicht

Überraschende Äußerungen der befragten Mitarbeiter, die auf ihr immanent vorhandenes Altersbild hinweisen, wurden in dieser induktiv entwickelten Kategorie gebündelt. Merkmale der Zuordnung waren charakteristische Alterszuschreibungen von Handlungen und Typisierungen negativer Altersbilder.

4 Ergebnisse der Untersuchung

Das folgende Kapitel enthält die Auswertung und Interpretation der in dieser Untersuchung erhobenen Textmaterialen aus den durchgeführten Interviews. Die Ergebnisse werden entlang der grundlegenden Forschungsfragen und der final gebildeten Kategorien aus dem Analyseverfahren zusammenfassend dargestellt:

- Wahrnehmung des digitalen Elements Medientischs
- Interaktion und Nutzerverhalten in Bezug auf das „Wollen“
- Digitale Medienkompetenz und Bedienbarkeit in Bezug auf das „Können“
- Kunst- und Kulturvermittlung bezogen auf das digitale Element Medientisch

Zusätzlich werden Ergebnisse der induktiv gebildeten Kategorien

- der Wahrnehmungen von Besuchern und
- von Altersgruppen am Medientisch

aus Sicht der Experten präsentiert.

Den Abschluss der Ergebnisse bilden überraschende Erkenntnisse aus der Analyse von Expertenäußerungen zur Einschätzung Älterer und Erkenntniszusammenhänge zwischen ausgewählten Kategorien.

4.1 Wahrnehmung des digitalen Elementes Medientisch

4.1.1 Wahrnehmung des digitalen Elements Medientisch aus der Seniorenperspektive

Zum Thema der subjektiven Wahrnehmung des Medientisches im oberen Foyer des Museums konnte die Forscherin 28 Äußerungen in der Zielgruppe der Senioren analysieren. Von elf der interviewten Senioren haben drei Personen den Medientisch wahrgenommen, acht Senioren ist er überhaupt nicht aufgefallen.

Die Forscherin wollte herausfinden, ob die Probanden bei der Wahrnehmung des Medientisches einen visuellen Sinneseindruck empfinden und wie sie diesen für sich auswerten. Da die Wahrnehmung stark kontextabhängig und ein aufmerksamkeitsgesteuerter Prozess ist, war hier von besonderem Interesse, ob und als was die Senioren das digitale Element Medientisch in einem musealem Kontext (Situation, Kontext, Erfahrungen, Erwartungen) dekodieren.

Die Ergebnisse zeigen **erstens**, dass der Medientisch als digitales Element mehrheitlich von den Senioren überhaupt nicht wahrgenommen wurde, wie die folgenden Beispieläußerungen verdeutlichen:

„Erst mal habe ich ihn gar nicht wahrgenommen." (IntB3WA3)

„Nee, nicht wahrgenommen, ich hab den heute zum ersten Mal gesehen nach dem Hinweis durch die Führung ..." (IntB4MA3)

„Wenn ich nicht darauf hingewiesen worden wäre während der Führung, hätte ich ihn nicht wahrgenommen." (IntB5WA5)

„Der ist sehr, sehr unauffällig." (IntB9MA3)

Zweites Ergebnis dieser Kategorie: Bei drei Senioren tauchte auf, dass auch bei Wahrnehmung des „Objektes" bzw. seiner Erscheinungsform keine Zuordnung als digitales Element erfolgte. Das weist darauf hin, dass in der Wahrnehmungsverarbeitung der Senioren innerhalb eines bekannten Einflussfeldes und Kontextes (musealer Raum) trotz des Hinweisreizes keine weiteren Zuordnungsmerkmale, wie Erfahrungen und Erwartungen, zu einem digitalen Element führten:

„... ich habe gedacht, da ist ein Hocker, ein Tisch, man kann sich da mal hinsetzen, um sich auszuruhen." (IntB2WA1)

„... es sieht für mich so aus, als ob da die Sachen sind, die Kinder benutzen. Haben die vielleicht da Zettel liegen und beschreiben sie dort, interessiert mich nicht, ich würde vorbei gehen." (IntB10WA3)

„Wie eine Karte, wie ein Schaukasten oder so. Aber dass man da jetzt auch multimediale Möglichkeiten hat, ist zunächst einmal nicht zu sehen." (IntB9MA3)

Drittes und letztes Ergebnis dieser Kategorie ist, dass eine kleine Gruppe von zwei Senioren bei ihrer Wahrnehmung eine latente Verbindung zu einem medialen Informationselement herstellte:

„Das ist Informationsmaterial, dachte ich, als ich die Beschriftung gesehen habe, da hole ich mir Informationen." (IntB1WA1)

„Ich wusste von vorherigen Besuchen, dass hier ein Medientisch sein wird, habe ihn mir aber ganz anders vorgestellt. Ja, der kommt mir sehr leicht vor, und ich hab' mich dann gefragt, wo ist denn diese ganze Technik, weil die Platte so dünn ist und kein Riesenapparat." (IntB6WA4)

Fazit:
Die Ergebnisse belegen, dass die Senioren den Medientisch entweder überhaupt nicht wahrnahmen oder die visuelle Wahrnehmung des

Medientischs mehrheitlich bewusst und unbewusst nicht mit einem digitalen Element in Verbindung brachten. Die Mehrheit der Probanden findet, dass ein Hinweis auf den Medientisch in Bezug auf seinen Standort und seine Inhalte, eine große Bereicherung zu seiner Wahrnehmung und für seine Nutzung wäre.

4.1.2 Wahrnehmung des digitalen Elements Medientisch aus der Expertensicht

Von den befragten Experten konnte die Forscherin 28 Äußerungen der Museumsmitarbeiter über ihre subjektive Wahrnehmung und Deutungen exzerpieren. Dabei wurden zum überwiegenden Teil positiv belegte Kontexturierungen der Experten in folgenden Beispielen geäußert:

„Ich nehme diesen Medientisch absolut positiv wahr." (IntM5WA3)

„Es ist ein modernes Medium." (INtM4WA3)

„... als Pädagogin ... ist das auf jeden Fall ein sehr wichtiges Instrument, um die Stadtgeschichte zu erklären, um sie den Besuchern deutlicher zu machen ..." (IntM6WA0)

„Es wäre auch für mein pädagogisches Programm ein Verlust, wenn man den Tisch nicht hätte." (IntM6WA0)

„... ich selbst kann mich immer wieder auch für eine Führung sogar damit vorbereiten." (Int6MWA0)

„... es ist ein Kunstwerk." (IntM8WA2)

„Der darf nicht mehr weg, weil er ein Anziehungspunkt ist." (Int-8MWA2)

Ein **weiteres Ergebnis** dieser Kategorie ist eine uneinheitliche Wahrnehmung der Experten vom Standort des digitalen Elementes, was die folgenden Äußerungen dokumentieren:

> *„Und da steht halt auch der Medientisch, und ich denke, das ist auch ein sehr guter Platz, der ist geräumig, er ist hell …" (Int4MWA1)*

> *„… ich finde es eigentlich sehr gut präsentiert … wenn man rauf kommt, sieht man ja direkt diesen Medientisch" (IntM4WA1)*

> *„Es ist keine künstlerische Intervention. Aber er ist „designorientiert" auch platziert." (IntM2WA1)*

> *„… will nicht sagen, er steht in der Ecke, aber man nimmt ihn so nicht sofort wahr … man läuft wunderbar dran vorbei." (IntM3WA2)*

> *„… dadurch, dass der Medientisch hier etwas im Separée ist …" (IntM6WA0)*

> *„… er leuchtet ja, man kommt nach oben, will sich die Stadtgeschichte ansehen und der Medientisch ist an, also und er steht ja auch so, dass man ihn sehr gut sehen kann." (IntM4WA3)*

Einerseits ist der Medientisch den Museumsmitarbeitern als digitales Element in ihrem Arbeitsumfeld vertraut. Überraschenderweise deuten drei Äußerungen aber auf Defizite in der Handhabung hin, wenn sie über das An- und Ausschalten hinaus gehen:

> *„Ich nehme den als gutes Kommunikationsmittel wahr, man kann daraus sehr viel an Informationen ziehen, wenn man damit umgehen kann." (IntM3WA2)*

„Ich finde ihn interessant und stelle mich gern dazu. Da bekomme ich immer neue Ansichten mit, von dem was die einzelnen Besucher anklicken. Ich selber benutze ihn nicht, nur anfangs, als er neu war." (IntM1WA4)

„Mich selber regt das auf, das funktioniert irgendwie nicht so einfach. Ich saß und dann funktioniert der Knopf nicht, also ich denk so'n bisschen technisch müsste das mal überarbeitet werden, so'n Update gemacht werden." (IntM9WA0)

Fazit:
Die Aussagen der Experten drücken zum einen die eigene Haltung und zum anderen ihr fachliches Selbstverständnis als Kunstvermittler aus. In beiden Fällen belegen die Äußerungen mehrheitlich, dass die Experten den Medientisch als digitales Element positiv deuten.

Die Äußerungen, die den nach ästhetischen Gesichtspunkten gewählten Standort des Vermittlungsobjektes Medientisch betreffen, spiegeln einen in der Kunstvermittlung immanent vorhandenen Spagat bzw. ein schwieriges Verhältnis zwischen Bildungsauftrag und kuratorischem Präsentationskonzept wider.

Die nicht erwarteten Äußerungen der Experten bezüglich ihrer fehlenden digitalen Kompetenzen deuten Potenziale und Entwicklungsbedarf bei der zukünftigen digitalen Kunst- und Kulturvermittlung an.

4.2 Interaktion und Nutzerverhalten bezogen auf das „Wollen" der Senioren

Aus der Interaktions-Phase der Senioren mit dem Medientisch konnte die Forscherin 40 Äußerungen bezogen auf das Nutzerverhalten in dieser Kategorie bündeln.

Die Antworten geben Erkenntnisse über das „Wollen", d. h. Bedürfnisse und Motivationen der Senioren, die sie bei der Interaktion mit dem digitalen Element befriedigen konnten, und Emotionen, die sie dabei erlebten. Die Schilderungen der Senioren verdeutlichen zwei Gruppen von Nutzerverhalten. In der **Kategorie K2** wurden alle Merkmale der Interaktion gebündelt, die Motivationsaspekte wie Spieltrieb, Unterhaltungswerte, Vergnügen und Emotionen enthalten:

> *„Es ist spielen, es ist wie spielen." (Int2BWA1)*

> *„... man kann von einem Thema zum andren hüpfen ..." (Int1B1WA1)*

> *„... durch dieses Knöpfchen drücken oder diese Flächen berühren passiert wieder was, verliert man diesen Touch des Museums quasi, sondern du machst etwas für dich, es ist spielerisch." (IntB2WA1)*

> *„Es passiert was aktiv, es ist ein Aktivzentrum." (IntB2WA1)*

> *Ich bin neugierig und will gucken, was da so hinter ist. Es hat mich neugierig gemacht." (IntB2WA1)*

> *„... macht ja Spaß, so was!" (IntB7WA3)*

> *„... das ist spannend gemacht, oh, da guck ich doch mal, was das bedeutet ..." (IntB7WA3)*

> *„Ich probiere ihn heute aus, aus spielerischen Gründen, ich will immer alles ausprobieren, mich hat das Spielerische gereizt." (IntB8MA3)*

Die zweite Gruppe der geschilderten Nutzungsmerkmale wurde in der **Unterkategorie K2.1** gebündelt. In diesem Fall waren die Interaktionsmotive durch Wissensdurst, Bildungshunger, Kunst- und Kultur- sowie Erkenntnisinteresse geprägt:

> *„Mich hat die Geschichte interessiert." (IntB3WA3)*

„Man kann hier, ohne rumlaufen zu müssen, schon unglaublich viel erfahren, was man in der Ausstellung gar nicht mitkriegt." (Int-B4MA3)

„Ich habe sicherlich noch 'ne Menge jetzt nicht gesehen, also wenn das so eine angenehme Form ist und so schnell geht, dann ist das doch eine Einladung." (IntB4MA3)

„Es ist hier das richtige Instrument, um Interesse auf mehr Wissen zu wecken." (IntB5WA5)

„… mal gucken, was in der Stadterhebungs-Urkunde steht, weil hier ja eine Übersetzung sein sollte …" (IntB6WA4)

„Wenn man eine Idee oder Frage hat, wie mir das auch gegangen ist … dann kann man sich da durchklicken, gucken und bekommt Informationen und kann sich vertiefen …" (Int6WA4)

„Ich habe mich dahin gesetzt und geschaut, was interessant ist, guck mal da und guck mal da …" (IntB3WA3)

„… das ist ein reichhaltiges Angebot, finde ich gut, ja, und der Rundflug über Ratingen …" (Int6BA4)

Also mich beschäftigt die Motivation … die Fragen kommen durch den Tisch … man möchte vielleicht eine Sache wissen und kommt dann auf ganz viele Spuren, sehr inspirierend." (IntB6WA4)

Fazit:
Das geschilderte Interaktionsverhalten der Senioren zeigt, dass das digitale Element als museumspädagogischer Bezugspunkt funktioniert, bei dem nicht von Bedeutung ist, was er ist, sondern was er macht. In diesem Fall erfahren die Probanden mit ihren Körpern

und ihren jeweiligen Handlungen Kunstvermittlung. Zusätzlich findet bei diesen Interaktionen auch die Aneignung von Funktionalitäten eines digitalen Elements auf spielerische Art und Weise, statt. Sie „handeln" aufgrund ihrer emotionalen und kognitiven Bedürfnisse, d. h. sie benutzen ein digitales Element aus indirekten Bedürfnissen heraus. Mit den vorgenannten Äußerungen kann eine Verbindung von spielerischen und intellektuellen Interaktionsmotiven angenommen werden, die dann zur Nutzung des digitalen Elements Medientisch führt.

Hinter Motiven wie Wissensdurst und Bildungshunger, Kunst- und Kulturinteresse könnten auch Motive wie die Aufrechterhaltung von gesellschaftlicher Zugehörigkeit und der Gesprächsfähigkeit, Anschluss, Anerkennung sowie Vermeidung von Wertlosigkeit und Bedeutungslosigkeit stehen. Ein solcher Anreiz könnte sein z. B. Up-to-date-Sein und mit digitalen Elementen interagieren zu können oder die Übersetzung der Urkunde digital gelesen zu haben, damit man z. B. beim nächsten Treffen des Förderkreises oder der Familie darüber reden kann, wie auch diese Beispiele zeigen:

> *„… lacht, also wenn wir wieder hier sind, werde ich das Alles meinem Mann zeigen."* (IntB6WA4)

> *„… mit Familie oder Freunden hier hin gehen und zeigen, guck mal, was die hier haben …"* (IntB2WA1)

4.3 Digitale Medienkompetenz und Bedienbarkeit in Bezug auf das „Können" der Senioren

Mit 78 Äußerungen konnten Erkenntnisse über die Fähigkeit der Senioren gewonnen werden, mit digitalen Medien umzugehen.

Die Besucher schilderten mehrheitlich ihre Überraschung über den „kinderleichten" Umgang mit dem digitalen Element. In 54 Äußerungen wurde der Umgang als einfach und intuitiv geschildert. Lediglich zwei Äußerungen weisen auf Einschränkungen bei der Bedienungsfunktion hin. In zehn Äußerungen wurden explizit technologische Verbesserungen und Modernisierungen des digitalen Elements angemahnt und sehr vermisst. Diese Ergebnisse zeigen, dass die Mehrheit der befragten Senioren den Multi-Touch mit Gestensteuerung zur Bedienung vermisst hat und bereits über eine Smartphone-Kompetenz verfügt. Das bedeutet, sie verfügen bereits über einen Teil von digitaler Zukunftskompetenz.

> *„Ab und zu hatte ich ein bisschen Schwierigkeiten, was aufzurufen. Etwas Computererfahrung sollte vorhanden sein." (IntB1WA0)*

> *„... man muss immer gucken, wie will die Maschine bedient werden und dann hat man es." (IntB7WA3)*

> *„Das kann jeder sofort erschließen, die Symbole sind einfach, rechts, links, runter, rauf, also selbsterklärend ... da braucht man nichts weiter. Du nimmst das gar nicht als IT wahr." (IntB2WA1)*

> *„... auf Knopfdruck quasi kann man's aufrufen und es ist groß ..." (IntB1WA1)*

> *„Ich kann mir selber das Menü zusammenstellen oder den Weg, den ich dadurch nehme ... zapp, drückst du mal drauf und dann passiert wieder was." (IntB2WA1)*

> *„... das war kinderleicht ... das ist idiotensicher (lacht)." (IntB3WA3)*

> *„Die Bedienung ist naheliegend ... das ist schon sehr intuitiv." (IntB4MA3)*

„… sehr leicht zugänglich, selbsterklärend, leicht zu handhaben, prima, ganz einfach, das kann man ohne Vorkenntnisse bedienen." (IntB11WA1)

„Ja von der Funktion her, vom Machen her ist das eigentlich schön gemacht, … es ist nicht so kompliziert … man wird ja dann so geführt …" (IntB6WA4)

„Also der Vorteil bei diesem digitalen Medium ist natürlich, dass ich die Auswahl treffe, ich kann das steuern." (IntB7WA3)

„Wenn man mal einen Touchscreen bedient hat, dann weiß man doch, wie das funktioniert." (IntB4MA3)

„… dass diese Steuerung schneller reagiert …" (IntB1WA1)

„Ich kann es nicht größer machen … und wenn ich etwas suche fehlt mir die Suchfunktion …" (IntB8MA3)

Fazit:
Die Äußerungen der Senioren, die Merkmale von Bedienerfreundlichkeit und medienbezogener Handlungskompetenz betreffen, belegen, dass in dieser befragten Zielgruppe die Fähigkeit vorhanden ist, mit digitalen Elementen interessenorientiert umzugehen und davon zu profitieren. Zusätzlich beweisen die kritischen Äußerungen über mangelnde technologische Funktionalität, dass die Benutzer bereits über digitale Kompetenzen und Vergleichsparameter verfügen.

In der Unterkategorie K3.1 wurden Beiträge der Befragten zum Thema Chancen und Risiken der Nutzung digitaler Elemente gebündelt. Die Ergebnisse überraschen. Die Senioren analysierten ihr eigenes Verhalten und resümierten mit einer positiven Selbsterkenntnis:

„Es ist vielleicht wichtig, dass man einen Impuls bekommt." (IntB6WA4)

„Man kann eigentlich nichts kaputt machen, das ist schon ganz schön beruhigend." (IntB6WA4)

„Wenn man das jetzt einmal gesehen oder begriffen hat, ist das kein Thema ... auch in anderen Instituten." (IntB5WA5)

„Es gibt doch unheimlich viele Gelegenheiten, wo man heutzutage auch woanders als zu Hause mit einem Touchscreen zu tun hat. Oder Handy, alleine schon vom Zugucken weiß ich doch, dass das so funktioniert." (IntB4MA3)

„Die Bedienung ist ja ganz einfach, es ist ja keine große Schwierigkeit. Wenn man da mal begonnen hat, dann kennt man das System ..." (IntB5WA5)

„... aber wer noch nie mit einem Computer zu tun hatte, das wäre ein guter Anfang, weil das ja keinerlei irgendwelche Computerfähigkeiten verlangt, es ist sehr intuitiv." (IntB3WA3)

Fazit:
Die Ergebnisse aus der Analyse von Chancen und Risiken bestätigen, dass ggf. Hemmnisse oder Angst vor neue Technik, durch zielführende Impulse überwunden werden können. Diese Funktion kann aufgrund einer bereits vorhanden Motivation bzw. eines Bedürfnisses (hier Wissensdurst und Kulturinteresse) besonders leicht gelingen. Das aus der Nutzung gewonnene Selbstbewusstsein kann zu Inspiration und einer Einstellungsänderung gegenüber digitalen Medien in der Zukunft führen. Das bedeutet auch, es sind Potenziale bei den Senioren vorhanden, um mit diesem digitalen Angebot im Sinne eines Lifelong Learning über sich hinaus zu wachsen.

4.4 Kunst- und Kulturvermittlung bezogen auf ein digitales Element

In dieser Kategorie wurden alle Merkmale zusammengefasst, wie Senioren und Experten ein digitales Element im Erfahrungsraum Museum zur Kunst- und Kulturvermittlung wahrnehmen und deuten. Die Forscherin fand dazu insgesamt 148 Kommentare.

4.4.1 Kunst- und Kulturvermittlung bezogen auf das digitale Element Medientisch aus der Seniorenperspektive

89 Antworten der Senioren geben Aufschluss darüber, wie sie auf den Medientisch als digitales Objekt in der Kunst und Kulturvermittlung reagieren. Die Auswertungen zeigen, dass die Senioren ihren Umgang mit dem digitalen Element reflektierten. Exzerpiert wurden dazu folgende Zitate:

> *„Ich fühl mich hier näher dran, als wenn ich vor einer Vitrine stehe … hier kann ich das in relativ großer Nähe durchgucken … habe eher die Möglichkeit in Kontakt damit zu treten. Das finde ich angenehm." (Int1B1WA1)*

> *„Ja, der kann was leisten. Durch die Zeitschiene, dass man sich verschiedene Zeitperioden aussuchen kann, die man nochmal nachlesen will. Die Ausstellung ist ja nicht so geordnet wie der Medientisch. Die Ausstellung richtet sich nach den Gegenständen aus, die vorhanden sind, und nicht an dem, was man erwähnen müsste. Dadurch entstehen in der Ausstellung Lücken, die hier gefüllt werden." (IntB7WA3)*

> *„… das richtige Instrument, um Interesse auf mehr Wissen zu wecken …" (IntB5WA5)*

„... die Neugier, die Fragen kommen ja durch den Tisch, also die man anklicken möchte ... oh, das möchte ich jetzt wissen, und dann kommt man auf ganz viele Spuren, ne, so inspirierend." (IntB6WA4)

„Bewegte Bilder ... man ist an dem Medientisch schon anders aktiv als an der Vitrine stehend ... Kombination von bewegten Bildern und Text, anschauliche Darstellungen von Geschichte, lässt sich besser verstehen und behalten ..." (IntB6WA4)

„... der Vorteil bei diesem digitalen Medium ist natürlich, dass ich die Auswahl treffe ..." (IntB7WA3)

„Ich hab das noch nie so gesehen im Museum ... es könnte mehr gemacht und eingesetzt werden ... in der Ausstellung ist bereits alles ausgesucht und vorgefertigt, und hier am Medientisch kann ich individuell wechseln." (IntB2WA1)

„Damit ist das Spektrum der Ausstellung vergrößert." (IntB3WA3)

„Er gehört jetzt zum Programm. Grundsätzlich kann man hier, ohne rumlaufen zu müssen, schon unglaublich viel erfahren, was man wahrscheinlich in der Ausstellung alles gar nicht mitkriegt." (IntB4MA3)

„... in relativ kompakter Weise schnell über Geschichte und Entwicklungen von Ratingen informiert. Das ist ein tolles Instrument dafür. Sonst müsste ich ein Buch lesen, und das dauert in jedem Fall länger ..." (IntB4MA4)

„Wenn man eine Idee oder Frage hat, wie mir das auch gegangen ist, dann kann man sich da durchklicken und gucken und bekommt die Information und kann sich vertiefen. Das ist ganz toll." (IntB6WA4)

„... hier wirst du schon zur Ruhe gebracht und kannst Museumsarbeit machen.“ (Int1B1WA1)

„... unheimlich interessant, weil sich auf einer Fläche sich ständig etwas ändert ... hier sehe ich ja mit meinen eigenen Augen, wenn ich durch die Jahrhunderte gehe, wo da wo vorher nur Felder waren, genau da später Fabriken sind ... das behalte ich eher, es ist nachhaltiger ...“ (IntB10WA3)

„Er motiviert, macht neugierig, gibt Einblicke in die Tiefe, stellt Zusammenhänge bildlich dar ... und das Interaktive ... das ist ja dann Museumspädagogik, die interaktive Gestaltung.“ (IntB11WA1)

Zwischenfazit:
Die Erfahrungen der Senioren belegen, dass sie den Medientisch mehrheitlich als positive Bereicherung und Unterstützung ihrer kunst- und kulturhistorischen Interessen werteten. Sie bestätigen Mehrwerte, die mit den Präsentations- und Imaginationsmöglichkeiten des digitalen Elements ermöglicht wurden. Ihre Aufmerksamkeitsspanne empfanden sie durch Affordanzen der digitalen Präsentation als verlängert, ihre kognitiven Ansprüche und sensorischen Fähigkeiten stimuliert. Die gleichzeitige Inanspruchnahme ihrer sinnlichen Fähigkeiten nahmen sie als inspirierend wahr. Das Zusammenwirken der multimedialen Eigenschaften und deren Impulse interpretierten die Senioren als direkte Unterstützung eines intensiven Bildungstransfers. Zudem werteten sie die sensorische Bedienung als sehr positiv, weil sie selber die Steuerungsfunktion des digitalen Elementes in der Hand haben und diese zur ihrer zielorientierten Wissensbereicherung einsetzen konnten.

Die Kategorie enthält aber auch zwölf kritische Aussagen der Senioren:

> *„... von der Ergonomie würd ich sagen, die Stühle könnten etwas bequemer sein, also ein Polster drauf und den Tisch etwas schräg stellen, damit er ... etwas entgegenkommt ..." (Int1B1WA1)*

> *„... wenn man jetzt zu zweit da sitzt, wäre eine Bank besser, dass man da mal eben rüber rutschen könnte ..." (IntB3WA3)*

> *„... die Karten, da kann man nichts drauf erkennen. Da ist die Wiedergabe sehr schlecht ... da ist die Qualität nicht so gut ..." (IntB6WA4)*

> *„... nicht so schlecht die Präsentation, ich kann es aber nicht größer machen." (IntB8MA3)*

> *„... es gibt ja auch solche Tische wo noch so Punkte leuchten ... wenn jemand fremd hier in der Stadt ist ..." (IntB10WA3)*

> *„... es ist ziemlich langsam, wahrscheinlich ist die Rechnerkapazität nicht ausreichend genug. Jeder ist durch Verwendung oder Bedienung eines Tablet oder Smartphone einfach gewohnt zu wischen ... touchen ... etwas groß ziehen, so was würde ich mir wünschen ... das ist jetzt schon wieder eine Generation zurück." (IntB8Ma3)*

> *„... eine App zur Stadtgeschichte, die lädt man sich dann runter, und dann hat man so was Ähnliches wie den Medientisch eben auf seinem Smartphone oder Tablet." (IntB8MA3)*

Diese kritischen Zitate der Senioren belegen, dass sie technisch affin und bereits mit etablierten digitalen Systemen in ihrem Lebensraum vertraut sind. Sie sind mutig, offen für Neueinrichtungen in Museen und wünschen sich moderne und aktuelle Technologien zur Kunst- und Kulturvermittlung.

Fazit:
Die Impulse des digitalen Elements werten Senioren für sich positiv und nehmen diese Vermittlungsform voll umfänglich und langfristig an. Das wird zusätzlich dadurch belegt, dass sie diese positiven Erfahrungen auch an andere Personen weiterverbreiten möchten. Die Ergebnisse stellen einen Erkenntnisgewinn für geplante (technologische und zielgruppenorientierte) Weiterentwicklungen des digitalen Elements in der Museumspädagogik dar.

4.4.2 Kunst- und Kulturvermittlung bezogen auf das digitale Element Medientisch aus der Expertenperspektive

Von den befragten **Experten** konnte die Forscherin 59 Äußerungen über den Beitrag erheben, den der Medientisch zur Kunst- und Kulturvermittlung aus ihrer Perspektive für Senioren leistet:

> *„... über den Medientisch bekommt der Besucher aus der Fläche einen neuen Blickwinkel mit bewegten Bildern. Der Besucher hat die Exponate aus der Ausstellung noch in Erinnerung und kann diese dann in den verschiedenen Epochen wiederfinden und in die Zeiten eintauchen." (IntM1WA4)*

> *„Er verzichtet auf Originale, hat jedoch den Vorteil diverser Animationsmöglichkeiten, Videos, animierte Bilder und Ton, und mehr Texte zur Verfügung zu stellen ..." (IntM2WA1)*

> *„... er kann auf mehreren Wegen die Informationen senden und die Sinne der Besucher ansprechen. Dies ist auch ein Vorteil, da Men-*

schen auf verschiedenen Sinnesebenen reagieren und empfangen.“ (IntM2WA1)

„Sie können ihre eigenständige Verbindung zu den einzelnen Epochen, Orten und Ereignissen herstellen. Sogar mit ihren eignen Händen durch aktives Berühren.“ (IntM2WA1)

„Der Medientisch vermittelt spielerisch ein Grundwissen über z. B. die Highlights in den stadtgeschichtlichen Phasen. Macht neugierig und vermittelt medial Zusammenhänge.“ (IntM4W1)

„Ich nehme diesen Medientisch absolut positiv wahr … wenn man durch die Stadtgeschichte geht und man geht dann anschließend zum Medientisch, wird es komplettiert … und er macht die Sache modern.“ (IntM5WA3)

„… das selbst Entdecken, selbst Auswählen, welche Inhalte einen interessieren, das ist der Beitrag, den der Medientisch leistet.“ (IntM6WA0)

„Medientisch als Chance zur Kunst- und Kulturvermittlung … es ist ja so, dass man sich aussuchen kann, ob man sich den Text aufruft oder man es lässt. Aber tatsächlich kommen die Besucher hierher, um zu lesen. Der Medientisch hat ja eine relativ große Schrift. Das ist eigentlich recht barrierefrei …“ (IntM6WA0)

Die ausgewählten Zitate spiegeln die einheitliche positive innere und fachliche Einstellung der Experten wider.

Fazit:
Beide Teilnehmergruppen, Senioren und Experten, bewerten den Medientisch einheitlich und übereinstimmend positiv. Mit ihren Äußerungen weisen Senioren und Experten jeweils aus ihrer Pers-

pektive, die einen als Anwender, die anderen als Kulturvermittler, auf Mehrwerte hin, die das digitale Element Medientisch zur Kunst- und Kulturvermittlung leistet.

4.5 Wahrnehmung der Besucher am Medientisch aus Expertensicht

48 Äußerungen der Experten betrafen ihre Wahrnehmung des Besucherverhaltens von Senioren am Medientisch. Überraschenderweise unterschieden einige Experten in weibliche und männliche Besucher:

> *„Männliche Personen nehmen sie eher wahr. Wenn sie die Installation sehen, dann berühren und gehen sie mit ihr in Kontakt. Sie sitzen sehr lange daran und dann geht es hin und her …" (IntM1WA4)*

> *„Manchmal spreche ich auch Besucher an und weise sie auf dieses Medium hin. Dann wird es auch oft intensiv genutzt. Einige Personen, oft Frauen, geben nach 1–2 Berührungen sehr oft leider auf und wenden sich ab. Sie kommen nicht in Kontakt mit der intuitiven Berührung der Screen-Oberfläche." (IntM1WA4)*

> *„Ich habe es noch nie irgendwie gehabt, dass einer gesagt hat, ich kann da nicht mit umgehen … wenn Besucher kommen und Probleme damit haben, geht einer von uns mit und zeigt den Besuchern das … die Leute können das eigentlich immer händeln." (IntM4WA1)*

> *„Es gibt Menschen, die bleiben sehr lange da, und einige sind ganz schnell wieder woanders … Reaktionen sind unterschiedlich, viele halten sich – dass ich raufgehe und denke, wo sind die eigentlich – und die stehen dann vor dem Medientisch und spielen noch rum und gucken sich das alles an, und bei anderen ist, sind sie halt schnell fertig." (IntM5WA3)*

„... ich muntere die Leute immer dazu auf, es selbst auszuprobieren, da es eine ganz interaktive Sache ist ... Es gibt natürlich Besucher, die sind sofort dabei und verstehen sofort, wie das Gerät zu bedienen ist. Es gibt natürlich auch Besucher, die vielleicht etwas mehr Hilfe brauchen, oder auch, dass ich anfange, das Gerät zu bedienen, um da auch eine Hemmschwelle abzubauen, dass nichts zerstört werden kann." (IntM6WA0)

„... sehr unterschiedlich. Manchmal ist es so, dass die Besucher sofort von dem Medientisch angelockt werden ... Aber manchmal ist es auch so, dass der Tisch nicht entdeckt wird. Das ist ganz unterschiedlich." (IntM6WA0)

„Eigentlich lesen Senioren sehr viel in Museen ... auch beim Medientisch ist es ja so, dass man sich aussuchen kann, ob man sich den Text aufruft oder man es lässt. Aber tatsächlich kommen die Besucher hierher, um zu lesen. Der Medientisch hat ja eine relativ große Schrift und ist barrierefrei ... bei dem Tisch, es wurde noch nicht angeprangert, dass etwas nicht lesbar ist, und die Besucher würden es uns sofort mitteilen." (IntM6WA0)

„... wahrnehmen tut man den Tisch erst, wenn einem gesagt wird, dass das ein digitaler Tisch ist, weil auf Anhieb sieht das keiner. Deswegen wird er auch kaum benutzt." (IntM9WA0)

„... viele aber laufen daran vorbei, viele stellen sogar ihr Glas darauf ab ... die denken, das ist ein weißer moderner Tisch." (IntM9WA0)

„Ich hatte noch nie einen Besucher, der mir Fragen zu dem Medientisch gestellt hat." (IntM9WA0)

Die Ergebnisse bestätigen einmal mehr die Heterogenität älterer Museumsbesucher, ein differenziertes Bild ihrer Wahrnehmung und ihres Verhaltens am Medientisch.

Fazit:
Mit diesen Belegen kann wegen der attestierten heterogenen Wahrnehmungslage keine eindeutige Richtungsaussage getroffen werden. Obwohl die Äußerungen keine allgemeine Gültigkeit besitzen, z. B. weil die intrapersonalen relevanten Merkmale der Experten nicht bekannt sind bzw. untersucht wurden, kann dennoch konstatiert werden, dass eine Verhaltensänderung sowohl bei den Besuchern als auch bei den Experten im Erfahrungsraum Museum stattfindet – weg von der passiven Rolle in eine aktivere. Dem digitalen Kulturangebot Medientisch kann damit ebenfalls ein konstruktiver Beitrag zur Wissensvermittlung zugeordnet werden.

4.6 Altersgruppen am Medientisch aus Expertensicht

Die Analyse der Expertenäußerungen ergab 21 Belege, die ihre Einschätzung bezüglich des Alters von Besuchern am Medientisch beinhalten. Die Beobachtungen der Experten spiegeln dabei ein gemischtes Bild der Altersstruktur derer wider, die sie bei der interaktiven Nutzung des digitalen Elements wahrgenommen haben:

> *„Rentner vereinzelt, Erwerbstätige zwischen 30 und 45 vermehrt und Schüler sehr gezielt. Sie stürzen sich geradezu auf den Medientisch." (IntM1WA4)*

> *„Aber es gehen auf jeden Fall ältere Herrschaften an den Medientisch und informieren sich. Dass es immer nur Jüngere sind, die den Tisch nutzen, würde ich nicht sagen." (IntM3WA2)*

„Besucher mit Familien und es gibt auch sehr viel Ältere.“ (Int4WA1)

„40- bis 60-Jährigen verbringen die meiste Zeit dort, die Jüngeren bleiben meistens nicht so lange dabei hängen ... es ist die allgemeine Zielgruppe des Museums, das mittlere Alter beschäftigt sich am meisten damit und sie entdecken den Medientisch überdurchschnittlich häufig.“ (IntM6WA0)

„Einer macht immer den ersten Schritt. So viel Hemmschwelle ist da gar nicht. Es trauen sich so gut wie alle Senioren daran.“ (IntM6WA0)

In der Analyse der von Experten beigesteuerten Beobachtungen und Wahrnehmungen der Altersgruppen am Medientisch muss limitierend berücksichtigt werden, dass die Deutungen vor dem Hintergrund ihrer subjektiven Vorstellungen von Altersbildern und den verknüpften Merkmalszuweisungen stattfanden.

Fazit:
Mit den erhobenen Belegen kann keine generelle ablehnende Haltung von Senioren zu digitalen Elementen festgestellt werden. Der digitale Medientisch erweist sich als demografiefeste Kultureinrichtung, da die Äußerungen der Experten ein altersdurchmischtes Nutzverhalten bestätigten. Die Äußerung eines Experten des Museums (selber Senior) unterstützt dieses Ergebnis:

„Senioren möchten nicht als Senioren bezeichnet werden und so auch nicht besonders behandelt werden. Das bedeutet auch, sie möchten die Kunst nicht in einer besonderen Art und Weise vermittelt bekommen und keine seniorengerechte Aufbereitung der Kunst präsentiert bekommen. Senioren möchten die Kunst- und Kultur genauso anschauen und präsentiert bekommen, wie der Künstler sie seinem Publikum darbietet. Es soll keine seniorengerechte Aufbereitung der Kunst, Artefakte oder anderer Elemente für sie geben.“ (IntM2WA1)

4.7 Überraschende Ergebnisse aus der Analyse zur Stigmatisierung Älterer

Sieben unerwartete Äußerungen der **Experten** führten zur induktiven Bildung dieser Kategorie. Die Analyse ergab, dass die Belege gekennzeichnet sind durch Pauschalisierung und Bewertung dieser als „Ältere" titulierten Besuchergruppe. Experten schreiben den „Älteren" mangelnde Kompetenz und Unvermögen im Umgang mit dem Medientisch zu.

> *„Ganz Hochaltrige nicht, die müsste ich auch erst mal mit dem Aufzug nach oben bringen und so vor den Stufen warnen." (IntM5WA3)*

> *„Ich habe tatsächlich bei etwas älteren Menschen auch bemerkt, dass sie da so ein bisschen ängstlich mit umgehen, weil sie nicht genau wissen, wie das funktioniert und das sie sich auch teilweise nicht trauen, weil sie Angst haben, etwas kaputt zu machen." (IntM7WA0)*

> *„… und dass die Älteren eher vorsichtig im Umgang damit sind. Da merkt man schon extrem diesen Generationenunterschied." (IntM7WA0)*

> *„… die älteren Besucher sind da sehr kritisch und distanziert … wenn sie alleine etwas drücken müssen, haben sie Hemmungen, dass sie meinen sie könnten etwas falsch machen." (IntM9WA0)*

Die Positionen weisen mehrheitlich auf ein Altersbild der Experten hin, bei dem negative Aspekte im Vordergrund stehen.

Ebenso überraschend erschienen 9 stigmatisierende Äußerungen bei der Befragung **der Senioren**. Interessanterweise stigmatisieren die befragten Senioren eine Kohorte, der sie selber angehören, mit einem negativ besetzten Altersbild, das dem Defizitmodell entspricht.

„... so ein bisschen was mit Computer muss man schon zu tun gehabt haben ... oder man muss seine Enkelkinder dabei haben, die einem was dazu erklären." (IntB1WA)

„... hier sind vielleicht ältere Leute, die wenig Bezug haben zum PC, die vielleicht gar nicht wissen, kann ich da drücken oder muss ich drauf kommen, was muss ich da machen ..." (IntB1WA)

„... sich da vor die Tafeln hinzustellen und das zu lesen, das ist gerade für ältere Menschen auch schwierig, man steht ja auch nicht mehr so gerne." (IntB8Ma3)

„... aber der ist schon 85 Jahre, der gehört nicht mehr in ihre Altersgruppe, der würde es aber locker machen. Er ist ganz fit." (Int6BWA4)

„Für Ältere ist es ideal, wenn man Stehprobleme oder Gehprobleme hat ..." (IntB4MA3)

Fazit:
Zusammenfassend bestätigen die Ergebnisse dieser Untersuchung die Wirkung positiver und persistenter negativer Altersbilder aus unserer Gesellschaft auch im musealen Raum. Bemerkenswert ist, dass die Experten die Senioren als Besuchergruppe stigmatisieren, aber, wie die Kategorie „Wahrnehmung der Besucher am Medientisch" zeigt, sich im Gegensatz dazu auch positiv über das Nutzungsverhalten der Senioren am Medientisch äußern.

Damit kann im besten Fall vermutet werden, dass sich das Kompetenzmodell als positives Altersbild im gesellschaftlichen Wandel weiter manifestiert und Stigmatisierungen der Lebensphase Alter künftig zunehmend revidiert werden.

4.8 Überraschende Erkenntniszusammenhänge

Zusätzlich konnte die Forscherin folgende überraschende Erkenntniszusammenhänge aus der Analyse evaluieren.

4.8.1 Erkenntniszusammenhang zwischen digitalem Element und Kunst- und Kulturvermittlung

In neun Äußerungen der Senioren kam zum Ausdruck, dass sie sich mit dem Medientisch emotional näher am Objekt bzw. dem Exponat fühlten:

> *„Hier kann ich das in relativ großer Nähe durchgucken .... als ob ich es in den Händen halten könnte." (IntB1WA2)*

> *„... habe ich eher die Möglichkeit, in Kontakt damit zu treten. Das finde ich sehr angenehm ... du wirst irgendwie, tja da rein gesogen ..." (IntB1W2)*

> *„Wenn man eine Idee hat oder eine Frage, wie mir es auch gegangen ist, wie war das oder so ... dann kann man sich da durchklicken und gucken und bekommt die Information und kann sich vertiefen. Das ist ganz toll." (IntB6WA4)*

> *„Ja, vor der Vitrine lesen Sie das und haben den Text da vorliegen, und hier haben Sie ja die Möglichkeit, das zu verändern, sie müssen ja tätig werden. Sie müssen was gucken, Sie müssen was lesen, Sie müssen sich darunter was vorstellen, was könnte ich da erfahren unter dieser Überschrift, also man macht vielmehr dabei, das ist schon aktiv ..."*

Aussagen der Experten bestätigen ebenfalls den Mehrwert des digitalen Elementes, das dialogische interaktive Beziehungen ermöglicht:

> *„Ich gehe mit einem digitalen Instrument vom Jetzt ins Mittelalter. Ich kann mir aussuchen, was mich jetzt interessiert …" (IntM5WA3)*

> *„Auch wenn man mit dem Medientisch ins Mittelalter geht usw. und sofort, aber es ist eine bestimmte Lebendigkeit da." (IntM5WA3)*

Fazit:
Den ‚Dingen' in einem Museum, z. B. ein Objekt als Repräsentant einer fernen Kultur oder Zeit, haftet eine spezifische Anmutungsqualität und emotionale Wirkung an. Diese spezifische Anmutungsqualität kann auch durch eine digitale Präsentation und interaktive Bedienung vermittelt werden.

4.8.2 Kunst- und Kulturvermittlung auf den Medientisch bezogen und Interaktionen bzw. Nutzerverhalten der Senioren

Die Erfahrungen und Deutung der Rezipienten lassen eine Interferenz der Kategorien Kunst- und Kulturvermittlung sowie Interaktion/Nutzerverhalten an einem digitalen Element, dem Medientisch, erkennen. Es besteht demnach eine integrative Wirkung des Medientisches: Durch Interaktion mit diesem digitalen Element wird das Wissen, das die an Exponaten orientierte klassische Ausstellung vermittelt, vertieft und erweitert. Belege dazu können aus beiden Kategorien, Senioren und Experten, angeführt werden:

> *„… ab und zu kommen Fragen, wo sich etwas in der Ausstellung befindet, was man gesehen hat in dem Medientisch … es kommt*

natürlich vor, dass die Besucher es im Medientisch gefunden haben und jetzt in der Ausstellung danach suchen.“ (IntM6WA0)

„… und den Werbefilm von der Constructa, weil in der Ausstellung bei der Constructa Waschmaschine wird darauf hingewiesen, dass es da so was gibt, macht ja Spaß …“ (IntB7WA3)

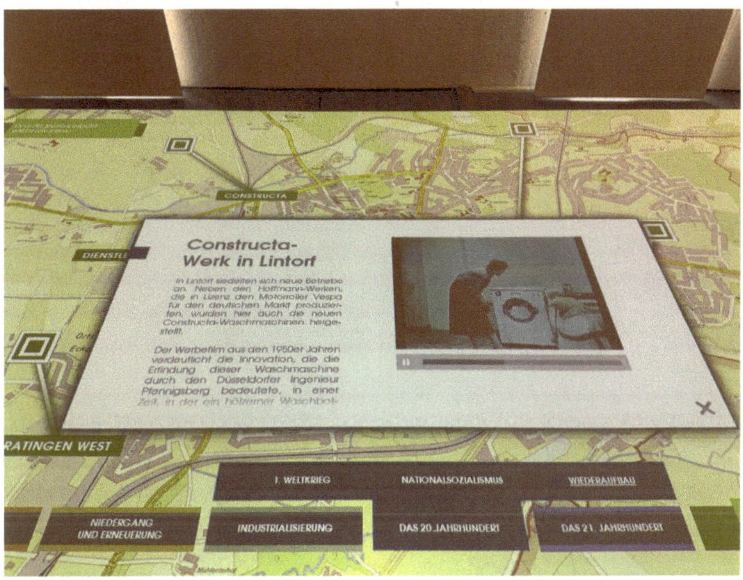

Abb. 12: Audiopräsentation der Constructa am Medientisch

„… und da kann man Themen, die einen interessieren, noch mal nachlesen. Ich würde das im Anschluss an den Rundgang durch die Stadtgeschichte empfehlen. Um noch mal was nachzulesen, so Themen, die man in der Ausstellung gesehen hatte.“ (IntB7WA3)

„… Kombination von bewegten Bildern und Text, anschauliche Darstellungen wie z. B. im Fernsehen in Bildungssendungen für z. B. Geschichte, lässt sich besser verstehen und behalten …“ (IntB6WA4)

Fazit:

Wissensprozesse als Bildungsaufgabe haben einen festen Platz in Museen. Digitale Elemente können dabei als Wissensvermittlung generationenübergreifend einen wertvollen Beitrag leisten. Der Medientisch stellt eine Option dar, museale Vermittlungsprozesse digital zu transformieren und demografiefest umzusetzen.

5 Diskussion

Vor dem Hintergrund eines gewaltigen Umbruchs der Kunst- und Kulturvermittlung in Museen im digitalen Zeitalter standen in dieser Untersuchung Äußerungen im Mittelpunkt, wie die digitale Vermittlungsform von der speziellen Zielgruppe Senioren angenommen und gedeutet wurde.

Die Ergebnisse dieser Untersuchung verdeutlichen, es ist offensichtlich, dass Senioren in Museen davon profitieren, ihr Wissensbedürfnis und individuelles Interesse an Kunst- und Kultur mit digitalen Medien zu befriedigen und zu stimulieren.

Die ersten unvermittelten Reaktionen von Senioren zeigten allerdings, dass sie je nach individueller Aufmerksamkeitsausrichtung, Expertise oder Erfahrung dasselbe digitale Element unterschiedlich wahrnahmen. Es scheint, als ob ein aktiver offensichtlicher Zugang durch Prädiktoren, die ein digitales Element im musealen Raum wahrnehmbar machen könnten, bei den Rezipienten noch nicht mehrheitlich in Verbindung mit digitalen Elementen dekodiert wurde. Es ist unstrittig, dass Individuen aufgrund ihrer verschiedenen Sozialisationsprozesse und der Unterschiedlichkeit der Selektivität in ihrer Wahrnehmung dieselben Dinge individuell aufnehmen, d.h. sie verfügen über jeweils eigene Deutungsmuster. Durch eine Aufmerksamkeitsfokussierung kam es bereits im Wahrnehmungsprozess zu unterschiedlichen Bewertungen und Informationen. Genauso führten die Einstellungen, Erwartungen oder Befürchtungen der wahrnehmenden Besucher zu unterschiedlichen Interpretationen des digitalen Elementes Medientisch, wie die Äußerung „… er kommt mir sehr leicht vor, ... wo ist denn die ganze Technik ... die Platte ist so dünn und es ist gar kein riesen Apparat ..." (IntB6WA4), beispielhaft belegt. Hierbei spielte eine Rolle, was die Person über den Gegenstand der Wahrnehmung glaubte zu wissen oder wusste. Das bedeutet auch, dass die befragten Personen aufgrund ihrer Haltung und Einstellung zu digitalen Medien geantwortet haben. An dieser Stelle, mit der ersten Frage nach der Wahrnehmung des Medientisches, zeigte sich in dieser Untersuchung ein roter Faden: die Heterogenität der Senioren. Dieser rote Faden war in allen Bereichen der untersuchten Fragestellungen mal stärker und mal weniger präsent und wird den Prognosen der Wissenschaftler (Gajek, 2013) zufolge zukünftige Untersuchungen im demografischen Wandel weiter begleiten.

Im Rahmen der Untersuchung von Interaktionen der Senioren mit dem Medientisch konnten Erkenntnisse über das „Wollen" der Senioren, d. h. über ihre Bedürfnisse und Motivation, herausgefunden werden. Die Resultate konnten in zwei Merkmalsgruppen eingeteilt werden. Eine Gruppe der Motivationsaspekte war emotional geprägt durch Spieltrieb, Vergnügen und Unterhaltung, die zweite Gruppe durch kognitive Aspekte wie Wissensdurst, Bildungshunger, Kunst- und Kultur- sowie Erkenntnisinteresse. Die Theorie des Uses-and Gratification-Approach (Luo, 2002) unterstützt die Annahme, dass die befragten Senioren sich aus bestimmten bewussten oder unbewussten Bedürfnissen heraus dem digitalen Element zuwenden und mit ihm in Interaktion treten. Die aus ihrer Interaktion mit dem Element erhaltenen „Gratifikationen" befriedigen dabei ihre Bedürfnisse. Senioren äußerten während des Interviews, sie möchten sich weiterbilden und ihr kulturelles Wissen erweitern. Für Senioren mit einem ausgeprägten Bedürfnis nach Bildung haben Medien generell eine hohe Bedeutung (Zoch, 2009). Ihre Motivation liegt u. a. darin, Defizite in Anerkennung und Status aus dem vergangenen Berufsleben sowie das daraus resultierende soziale Kapital bis auf einen bestimmten Grad zu kompensieren (Bourdieu, 2012). Darüber hinaus hat die

Nutzung einen positiven Effekt auf die Selbstwirksamkeit, Motivation und Teilhabe an sozialen Umfeldern. Für die in dieser Untersuchung interviewte Stichprobe der Senioren, Mitglieder eines Fördervereins einer kulturellen Institution, kann dies bestätigt werden, denn Pierre Bourdieu bezeichnet das soziale Kapital als Ressource, auf der eine Zugehörigkeit zu einer Gruppe beruht. Wissensakkumulation hat für diese Gruppe einen hohen Stellenwert. Dazu nutzt sie ebenso digitale Medien wie das Internet wie auch ihre persönliche Präsenz und Aktivitäten im kulturellen musealen Bereich.

Eine weitere Motivationsquelle wurde unterstützt. Emotionale Faktoren (spielen, Neugier) wurden angesprochen und lösten Begeisterung aus. Die Bedienung bzw. Interaktion bereitete den Senioren keine Probleme, im Gegenteil, es machte ihnen Spaß und stimulierte ihr Geschichtsinteresse (kognitive Ansprüche), zudem wurden ihre digitalen Kompetenzen dabei spielerisch erweitert. Sie ermöglichten sich selber digitale Zeitsprünge im Rahmen der Geschichte und interagierten mit dem Medientisch in allen zur Verfügung stehenden Angeboten der multimedialen Präsentation von Bildern, Landkarten und Audioslots.

Diese Untersuchung weist ergänzend zu bestehenden Studien zur Nutzung digitaler Elemente von Senioren einen direkten Bezug zwischen der Nützlichkeit und einem individuellen Interessensgebiet auf. Die positiven Erlebnisse und Erfolgsschilderungen der Senioren lassen auf diesen Zusammenhang schließen. Die Interaktion fand direkt am Ort des Interessensgebietes der Probanden statt. Die Situation im Museum stellt damit eine konvergente Integration des digitalen Elementes, des Interessensgebietes und der unmittelbaren Nähe der originalen Ausstellung dar. Die Senioren empfanden den Medientisch als ideale Ergänzung und Komplettierung des Wissens, denn sie bestätigten sogar, dass er die historischen Lücken der Ausstellung (nicht aus jedem Jahr belegen originale Exponate Zeitgeschichte) perfekt schließe und damit einen hohen Informationswert habe. Mit ihren Interaktionen und digitalen Kompetenzen, ihrem „Können", waren sie in der Lage, ihre individuellen Interessen zu vertiefen.

Insofern belegt die vorliegende Untersuchung auch, dass bereits von einer gewissen digitalen Medienkompetenz (Können) bei den Senioren ausgegangen werden kann, jedoch ihr digitales Teilhabepotenzial ergänzt werden sollte. Denn, so weisen Herbert Kubicek und Barbara Lippa in ihrem Buch, Nutzung und Nutzen des Internets im Alter (Kubicek & Lippa, 2017) aus, sind Medien- und digitale Kompetenzen auch Schlüssel zur Verringerung der Alterslücke in der digitalen Welt. Auch die Studie (Initiative D21 e. V., 2019) bestätigt ihren +65-jährigen Teilnehmern bereits einen Digitalisierungsgrad, der nur noch 5 Prozentpunkte unterhalb von Digital Mithaltenden liegt. Die Senioren aus der vorliegenden Studie wiesen dem digitalen Element eine hohe Benutzerfreundlichkeit zu, denn sie bewältigten die Interaktion spielend mit ihrer Smartphone-Kompetenz. Alle Senioren waren in der Lage mit ihren bestehenden digitalen Kompetenzen und ihrer kognitiven und physischen Konstitution mit dem Medientisch zu interagieren. Zudem beinhalteten ihre Reflexionen auch die Erwartung, dass der Medientisch technologisch aktualisiert werden sollte. Mit der Analyse des Nutzerverhaltens können in dieser Untersuchung keine Aussagen zu einem detaillierten Digitalisierungsgrad der teilnehmenden Senioren gemacht werden. Aber die erhobenen Daten können bestätigen, dass Anreize durch digitale Medien, die auf ein bestehendes Bedürfnis (z. B. spielen, Neugier, Wissensdurst) der Senioren treffen, zu einer häufigeren Nutzung dieser Medien führen können.

Mit den vorgenannten Ergebnissen korrelieren die Erkenntnisse aus der Befragung der Senioren zum Einsatz digitaler Elemente speziell in der Kunst- und Kulturvermittlung. Auch hier bestätigt diese Untersuchung eine positive Reflexion der Senioren nach der Nutzung des Medientisches in diesem Kontext. Gründe dafür können die Effekte der Wissensvermittlung durch digitale Vermittlungsformate sein, wie sie das Leibnitz-Institut für Wissensmedien (Gerjets & Schwan, im Druck) wissenschaftlich bestätigte. Demnach bestehen eindeutige Prädiktoren für die Wirksamkeit zur Unterstützung eines intensiven Bildungstransfers. Detaillierte Effekte für die Gruppe älterer User können bisher jedoch nicht aufgezeigt werden, da diese Gruppe in diesem Kontext noch nicht explizit untersucht wurde.

Erwähnenswert ist in diesem Zusammenhang zusätzlich, dass Senioren gerade in der Kunst- und Kulturvermittlung einen impliziten Anspruch auf neutrale Präsentationen, so wie der Künstler seine Kunst zur Verfügung stellt, erwarten. Senioren wünschen keine explizite senioregerechte Kunst- und Kulturvermittlung. Es ist ebenso bemerkenswert, dass in dieser Befragung auch in keiner einzigen Äußerung der Wunsch oder das Bedürfnis nach einer speziellen seniorengerechten Anwendungsoberfläche zur Nutzung und Bedienung aufgetaucht wäre. Sie forderten im Gegenteil sogar aktuelle Funktionalitäten, so wie sie sie von der Bedienung eines Smartphone oder Tablet kennen.

Die Experten selber stehen dem Medientisch als digitales Vermittlungselement in der Kunst- und Kulturvermittlung einheitlich positiv gegenüber. Im Rahmen ihrer Befragung spiegeln ihre fachlichen Beurteilungen Mehrwerte zur Erfüllung von musealen Vermittlungsaufgaben und persönliche Begeisterung über das moderne Vermittlungsformat in ihrem Arbeitsumfeld wider.

Ihre Beobachtungen der Wahrnehmung des Medientisches von Besuchern bestätigen einmal mehr die Heterogenität der untersuchten Zielgruppe der Senioren. Jedoch attestieren sie den Senioren einen großen Wissensdurst, den sie vor allem durch Lesen befriedigen. Das ist am Medientisch in komfortabler Weise möglich und wird intensiv von Senioren genutzt. Einige Experten repräsentieren selber, aufgrund ihres chronologischen Alters, einen Teil der Zielgruppe. Es erscheinen jedoch bei allen Altersgruppen von Experten divergente Sichtweisen auf die Gruppe älterer Museumsbesucher, die auch überraschenderweise mit stigmatisierenden Altersbildern behaftet sind. Es sind persistierende Facetten, die der betreffenden Generation mit der Lebensphase Alter zugeschrieben werden. Und das, obwohl positive Beispiele vor Ort zu sehen sind.

Die Analyse der Befragung der Experten weist zusätzlich auf ein weiteres Wirkungsfeld im Zusammenhang mit der digitalen Welt im musealen Raum hin, die Museumspädagogik. Um digitale Vermittlungsprojekte umzusetzen, sind zusätzliche Zeit- und personelle Ressourcen nötig, die nicht nur gegenfinanziert werden müssen. Im Rahmen digitaler Vermittlungsangebote fallen beispielsweise auch besondere Schulungsmaßnahmen des Museumspersonals an. Wie in dieser Untersuchung deutlich wurde, ist das Museumspersonal von dem digitalen Element begeistert und pro aktiv tätig bei der Motivation von Museumsbesuchern zur Interaktion mit dem Medientisch. Jedoch muss nach einigen Äußerungen davon ausgegangen werden, dass die eigenen digitalen Kompetenzen und insbesondere das Wissen über die Funktionalität und Handhabung digitaler Vermittlungselemente stärker geschult werden könnten.

Abschließend kann an die kuratorischen Gestalter von Ausstellungen und Exponaten in Museen appelliert werden, Aufmerksamkeitsreize zu installieren und ggf. ihre Mitarbeiter zu schulen, damit digitale Medien erkannt und dekodiert werden können. Damit würde eine vermehrte Nutzung durch Senioren auch gleichzeitig zu mehr positiven Einstiegsmomenten in eine digitale Welt führen. Diese Empfehlung bestätigt insofern die Studie Initiative D21 (Initiative D21 e. V., 2019), da sie für mehr digitale Anwendungen in öffentlichen Räumen plädiert, damit alle Generationen die Möglichkeit haben, digitale Anwendungen kennen zu lernen und mehr Menschen vom technologischen Wandel profitieren können. Denn digitale Elemente haben längst in der kulturellen Szene Fuß gefasst, wie es das seit 2012 bereits bestehenden Google Arts and Culture zeigt. Dabei wird mit einer App die Besichtigung von traditionellen Kunstwerken ermöglicht.

Die Ergebnisse bestätigen insgesamt die Heterogenität älterer Museumsbesucher. Die aktuelle digitale Spannbreite dieser Kohorte zeigt treffend das Beispiel einer 83-jähriger Seniorin, die per E-Mail anfragt, ob sie auch bei der Untersuchung mitmachen dürfe, obwohl sie über

80 Jahre alt sei. Im späteren Interview, erwähnte sie auch jüngere Bekannte, die sich der Digitalisierung verschließen.

Die vorgestellte Untersuchung und bisherige Forschungsergebnisse machen deutlich, dass es sich lohnt, bei der Digitalisierung Senioren nicht auszuschließen und bei ihrer Kohortenbetrachtung mehrere individuelle Indikatoren und unterschiedliche Maßnahmen einzubeziehen. Zudem ist es wichtig, differenzierte Settings zu berücksichtigen oder nach Art von Nutzungs- und Interaktionsmöglichkeiten zielgruppenorientierte Interventionsstrategien zu gestalten. Bei der Analyse der beiden interviewten Zielgruppen (Senioren und Experten) ergeben sich zwei unterschiedliche Perspektiven. Die Ergebnisse offenbaren eine Stigmatisierung der Älteren durch die Experten, obwohl sie in ihrem Arbeitsalltag häufig Erfahrungen mit den Senioren machen, die dem diametral entgegenstehen. Es sind Bilder entstanden, die nicht zueinander zu passen scheinen. Nicht zuletzt ist es aber interessant zu beobachten, inwieweit sich der oft mit Stereotypen behaftete Blick auf diese Gruppe innerhalb der Gesellschaft in einem Veränderungsprozess befindet, insbesondere vor dem Hintergrund der stark anwachsenden Bevölkerungsanteile Älterer mit der neuen Kohorte von Senioren (Baby-Boomer). Damit sollte aus den Ergebnissen der Untersuchung deutlich geworden sein, dass künftig, egal ob es um bildungswillige Senioren oder zukünftige Assistenzsysteme im Alter geht, positiv konnotierte Alternstheorien die Projekte prägen sollten. Gleichfalls könnte die Akzeptanzbereitschaft der Senioren und eine Einbeziehung digitaler Elemente auch in ihre alltägliche Routine gefördert werden, wenn sie durch die Nutzung möglicherweise in die Lage versetzt werden, weiterhin ihre Lebensführung selber in der Hand zu halten.

6 Zusammenfassung und Ausblick

- Die Ergebnisse geben Hinweise, dass digitale Elemente in der Kunst- und Kulturvermittlung sowie Senioren sich nicht ausschließen. Senioren verfügen bereits über digitale Kompetenzen, „können“, und sind motiviert, „wollen“, mit digitalen Elementen zu interagieren.
- Digitale Elemente bieten Museen einen wissenschaftlich begründeten Spielraum, ihre Wissensvermittlungsaufgabe digital und demografiefest wahrzunehmen.
- Aufgrund der Heterogenität von Menschen in der Lebensphase Alter sind eine differenzierte Betrachtung von Alterskohorten und die Berücksichtigung ihrer Bezugsmöglichkeiten zu digitalen Elementen wichtige Voraussetzungen für eine gelungene Interaktion mit digitalen Geräten.
- Für zukünftige Untersuchungen kann davon ausgegangen werden, dass die kommenden Alterskohorten bereits über stärkere Bezüge zu digitalen Elementen aus ihrer Erwerbstätigenzeit verfügen und daher mehr Potenzial digitaler Kompetenzen und Vertrautheit mit digitalen Elementen vorhanden sein wird.
- Stigmatisierung und vom Abbauprozess betonte Altersbilder haben immer noch Relevanz und wachsen hoffentlich zukünftig mit jeder Alterskohorte weiter aus den Köpfen aller Generationen heraus. Daher wäre zum Gelingen digitaler Projekte und Interventionen ein vorurteilsloses Mindset aller Stakeholder bei der Planung von Projekten zu berücksichtigen.

Das bedeutet, eine Perspektive einzunehmen, die das ganze Spektrum des Alterns im Blick hat. Gewinne von persönlicher Weiterentwicklung oder kreativer Auseinandersetzung ebenso wie Verluste bei körperlichem oder geistigem Abbau.

- Die Ergebnisse der untersuchten Gruppen im musealen Umfeld machen deutlich, dass Senioren auch aus Sicht der Museen eine höchst heterogene Zielgruppe sind. Dieses Thema wird in Esther Gajeks Analyse von Seniorenprogrammen an Museen (Gajek, 2013) ebenfalls dargestellt und kann mit dieser Arbeit bestätigt werden. Gajek kommt zu dem Ergebnis, dass die Vielgestaltigkeit der Zielgruppe Senioren noch nicht genügend von den Museen im Rahmen ihrer Programme berücksichtigt wird.
- In diesem Zusammenhang wird eine Diskrepanz sichtbar, denn die hier befragten Senioren möchten z. B. keine Elemente im musealen Umfeld, die zielgerichtet für Senioren gestaltet oder kreiert wurden. Sie fordern, die Kunst und ihre Objekte ohne einen Blick durch die Brille für „Ältere" erleben zu können. Die Kunst soll so präsentiert werden, wie sie der Künstler zur Verfügung stellt. Für die zukünftigen Anpassungen in einem Museumsbetrieb stellt die generationenübergreifende Gestaltung der Aufgaben Vermitteln, Sammeln und Bewahren eine fortdauernde Herausforderung dar.

Insofern erweist sich die vorliegende Arbeit als eine Erweiterung der Erfahrungen über Interaktionsvermögen und Motivatoren von Senioren im Umgang mit digitalen Elementen in der Kunst- und Kulturvermittlung.

Ausblick

Die Ergebnisse der vorliegenden Feld-Untersuchung unterstützen Aussagen und wissenschaftliche Arbeiten, die von motivierten Senioren bei der Nutzung von und im Umgang mit digitalen Elementen berichten.

Die Interviews lassen den Rückschluss zu, dass bestimmte individuelle Bedürfnisse und Interessen eine Motivation zur Gerätenutzung darstellen können. Die Befragung widerlegt eindeutig die Annahme, dass IT-Unerfahrene bzw. Senioren generell Berührungsängste gegenüber digitalen Elementen bzw. Interaktionsmedien hätten. Im Gegenteil, sie gehen mutig an die Nutzung heran. Wenn sie einen Mehrwert für sich, ihre persönlichen Interessen oder Hobbys erkennen, dann sind sie einem digitalen Device gegenüber aufgeschlossen. Auch sind sie motiviert, sich weitere Potenziale des digitalen Angebotes zu erarbeiten.

Damit bestätigt sich auch, dass die digitale Vermittlungsmethode mittels einer Multi-Touch-Oberfläche keine generelle Zugangsbeschränkung für Senioren bedeutet. Die Ergebnisse dieser Untersuchung weisen eher auf Potenziale bei der digitalen Kunst- und Kulturvermittlung speziell für Senioren hin. So profitieren sie von Funktionen, die für sie eine Bereicherung in mehreren Dimensionen bedeuten. Einerseits schätzen sie die Auswahlmöglichkeiten, die ihnen ihr individuelles Tempo und das In-die-Tiefe-gehen an gewünschten Punkten gestatten, und andererseits fühlen sie sich digital inspiriert und motiviert. Damit können Anwendungen digitaler Elemente in den Kontext des SOK-Modells (Baltes & Carstensen, 1996) gebracht werden, da dieses Anpassungsmodell gut veranschaulicht, wie durch selektive Optimierung Kompensation erreicht werden kann. Im Kern des Metamodells geht es darum, individuell Gewinne zu maximieren und Verluste zu minimieren. Die Funktionen einer Multi-Touch-Oberfläche bieten Kompensationen individueller Handlungs- oder Sinnesressourcen. Sie ermöglicht dem Benutzer, Defizite auszugleichen und gleichzeitig seinen Wunsch nach Kunst- und Kulturinteresse zu befriedigen. Das erreicht zu haben wiederum unterstützt sogar seine Lebensfreude und vor allem Zufriedenheit.

In Unternehmen wird zur Begleitung vergleichbarer Veränderungsprozesse oft ein Change Management eingesetzt. Es bieten sich daher Change Projekte mit bereits erfolgreich bestätigten Methoden und einem adäquaten Maßnahmenkatalog an, um Museen auf ihrem Weg in die Digitalisierung zu begleiten. Damit bestünde die Möglichkeit, Interventionen für den Wandel in der Museumspädagogik zu unterstützen und die Haltung der Stakeholder positiv zu beeinflussen. Denn das Thema Digitalisierung ist zur Querschnittsaufgabe im Museumsbetrieb geworden. Digitalisierung bietet zahlreiche Chancen, stellt die Museen zugleich jedoch vor große Herausforderungen. Sie brauchen mehr detaillierte Antworten auf Fragen, welche Mehrwerte und Hindernisse mit der Digitalisierung in Museen für Besucher und Bürger verbunden sind und wie sie gefördert bzw. abgebaut werden können. Ein Leitfaden „Wie sich Museen den neuen digitalen Herausforderungen stellen“ (MFG Innovationsagentur Medien- und Kreativwirtschaft, 2014) soll dazu beitragen, die Innovationskraft der Kulturinstitutionen zu unterstützen. Die Museen sind aktuell auf dem Weg, mit neuen Technologien und Projekten Besucherbedürfnisse im demografischen Wandel zu eruieren und zu befriedigen sowie gleichzeitig ihre klassischen Aufgaben von Sammlung, Bewahrung und Vermittlung von Kunst- und Kultur zu erfüllen.

Literaturverzeichnis

Aufenanger, S. (1997). Medienpädagogik und Medienkompetenz: Eine Bestandsaufnahme. In Enquete-Kommission Zukunft der Medien in Wirtschaft und Gesellschaft. Deutschlands Weg in die Informationsgesellschaft. Deutscher Bundestag (Hrsg.), *Medienkompetenz im Informationszeitalter* (S. 15–22). Abgefragt am 13.05.2020 von https://www.lmz-bw.de/fileadmin/user_upload/Downloads/Handouts/aufenanger-medienpaedagogik-medienkompetenz.pdf

BAGSO-Bundesarbeitsgemeinschaft der Senioren-Organisation e.V. (Hrsg.). (2017). *BAGSO-Positionspapier: Ältere Menschen in der digitalen Welt*. Abgefragt am 13.05.2020 von https://www.bagso.de/publikationen/positionspapier/aeltere-menschen-in-der-digitalen-welt/

BAGSO–Bundesarbeitsgemeinschaft der Seniorenorganisationen e.V. (o.J.). *Wissensdurstig.de*. Abgefragt am 13.05.2020 von https://www.wissensdurstig.de

BAGSO-Bundesarbeitsgemeinschaft der Senioren-Organisationen e.V. (Hrsg.). (2019). *Wegweiser durch die digitale Welt: Für Ältere Bürgerinnen und Bürger* (10. Aufl.). Abgefragt am 13.05.2020 von https://www.bagso.de/fileadmin/user_upload/bagso/06_Veroeffentlichungen/2019/BAGSO_Ratgeber_Wegweiser_durch_die_digitale_Welt.pdf

Baltes, M. M., & Carstensen, L. L. (1996). Gutes Leben im Alter: Überlegungen zu einem prozeßorientierten Metamodell erfolgreichen Alterns. *Psychologische Rundschau, 47*(4), S. 199–215.

Bourdieu, P. (2012). Ökonomisches Kapital, kulturelles Kapital, soziales Kapital. In U. H. Bittlingmayer, U. Bauer, & A. Scherr (Hrsg.), *Handbuch Bildungs- und Erziehungssoziologie* (S. 229–242). Springer VS Verl. für Sozialwissenschaften.

Cropley, A. J. (2011). *Qualitative Forschungsmethoden: Eine praxisnahe Einführung*. Klotz Verl.

Deutscher Museumsbund (Hrsg.). (2019). *Update: Museen im digitalen Zeitalter* (Museumskunde, Bd. 84). Holy-Verl.

Deutsches Zentrum für Altersfragen. (o. J. a). *Aktuelles: Ältere Menschen und Digitalisierung*. achter-altersbericht.de. Abgefragt am 13.05.2020 von https://www.achter-altersbericht.de

Deutsches Zentrum für Altersfragen. (o. J. b). *Der achte Altersbericht: Ältere Menschen und Digitalisierung*. achter-altersbericht.de. Abgefragt am 13.05.2020 von https://www.achter-altersbericht.de/der-achte-altersbericht/

Deutsches Zentrum für Altersfragen (Hrsg.). (2007). *Erwerbsbeteiligung älterer Menschen und Übergang in den Ruhestand. (Report Altersdaten, 1/2007)*. Abgefragt am 13.05.2020 von https://www.dza.de/informationsdienste/index.php?eID=tx_securedownloads &p=114 &u=0 &g=0 &t=1589461066 &hash=338b8df33d05714 50f9232d6d7e9bc460c7b6107 &file=/fileadmin/dza/pdf/GeroStat_Report_Altersdaten_Heft_1_2007.pdf

Gajek, E. (2013). *Seniorenprogramme an Museen: Alte Muster – Neue Ufer* (Bd. 25). Waxmann Verl.

Gerjets, P. (2015). Vom Nutzen psychologischer Forschung für das Kunstmuseum: Das multimediale Besucherinformationssystem EyeVisit. In L. von Stieglitz & T. Brune (Hrsg.), *Hin und her – Dialoge in Museen zur Alltagskultur: Aktuelle Positionen zur Besucherpartizipation* (S. 113–124). transcript Verl.

Gerjets, P. (2016). *Denken mit interaktiven Tischen. Aufzeichnung aus der Vorlesungsreihe: Wie Wissen wächst – Denken, Wissen, Lernen im 21. Jahrhundert.* Abgerufen am 13.05.2020 von https://www.iwm-tuebingen.de/www/de/forschung/themen/index.html#MlX6pUPKMPM

Gerjets, P., & Schwan, S. (im Druck). Evidenzbasierte Entwicklung innovativer Vermittlungsformate zur Unterstützung des Wissenserwerbs. In D. Modarressi-Tehrani & H. Mohr (Hrsg.), *Museen der Zukunft: Trends und Herausforderungen eines innovationsorientierten Kulturmanagements.* transcript Verl.

Google Cultural Institute. (o. J.). *Google Arts & Culture.* Abgerufen am 13.05.2020 von https://artsandculture.google.com/

Gruber, M. R. (2006). *E-Learning im Museum und Archiv. Vermittlung von Kunst und Kultur im Informationszeitalter.* [Dissertation]. Leopold-Franzen-Universität.

Grünewald Steiger, A. (2016). Information, Wissen, Bildung: Das Museum als Lernort. In M. Walz (Hrsg.), *Handbuch Museum: Geschichte, Aufgaben, Perspektiven* (S. 278–281). J.B. Metzler Verl.

Initiative D21 e. V. (Hrsg.). (2019). *D21-Digital-Index 2019/2020: Jährliches Lagebild zur digitalen Gesellschaft.* Abgerufen am 13.05.2020 von https://initiatived21.de/app/uploads/2020/02/d21_index2019_2020.pdf

Kintsch, W. (1998). *Comprehension: A paradigm for cognition.* Cambridge University Press.

Kirchberg, V. (2005). *Gesellschaftliche Funktionen von Museen: Makro-, meso- und mikrosoziologische Perspektiven.* Springer VS Verl. für Sozialwissenschaften.

Köhne, E. (2019). Betriebssystem Museum. In Deutscher Museumsbund (Hrsg.), *Update: Museen im digitalen Zeitalter* (S. 1). Holy-Verl.

Kowal, S., & O'Connell, D. C. (2017). Zur Transkription von Gesprächen. In U. Flick, E. von Kardorff, & I. Steinke (Hrsg.), *Qualitative Forschung: Ein Handbuch* (6. Aufl., S. 437–447). Rowohlt Taschenbuch Verl.

Kubicek, H., & Lippa, B. (2017). *Nutzung und Nutzen des Internets im Alter: Empirische Befunde zur Alterslücke und Empfehlungen für eine responsive Digitalisierungspolitik*. VISTAS Verl.

Kuckartz, U. (2007). *Einführung in die computergestützte Analyse qualitativer Daten*. VS-Verl.

Lamnek, S. (2008). *Qualitative Sozialforschung: Lehrbuch* (4., vollst. überarb. Aufl.). Beltz PVU.

Leibnitz-Institut für Wissensmedien. (o. J.). *Der Einfluss des Near-Hand-Effekts auf kognitive und emotionale Verarbeitungsprozesse bei der Nutzung von Multi-Touch-Oberflächen*. iwm-tuebingen.de. Abgerufen am 13.05.2020 von https://www.iwm-tuebingen.de/www/de/forschung/projekte/projekt.html?name=NearHand

Luo, X. (2002). Uses and Gratifications Theory and E-Consumer Behaviors. *Journal of Interactive Advertising, 2*(2), S. 34–41.

Mayer, R. E. (2014). *The Cambridge Handbook of Multimedia Learning: The Cambridge Handbook of Multimedia Learning*. University Press.

Mayring, P. (2000). *Qualitative Inhaltsanalyse: Grundlagen und Techniken* (7. Aufl.). Deutscher Studien Verl.

Mayring, P. (2002). *Einführung in die qualitative Sozialforschung: Eine Anleitung zu qualitativem Denken* (5. Aufl). Beltz.

Mayring, P. (2008). *Qualitative Inhaltsanalyse: Grundlagen und Techniken* (10. Aufl.). Beltz Verl.

Medienpädagogischer Forschungsverbund Südwest (mpfs) (Hrsg.). (2016). *JIM 2016: Jugend, Information, (Multi-) Media. Basisstudie zum Medienumgang 12- bis 19-Jähriger in Deutschland*. Abgerufen am 13.05.2020 von https://www.mpfs.de/fileadmin/files/Studien/JIM/2016/JIM_Studie_2016.pdf

Meuser, M., & Nagel, U. (2010). Experteninterviews: Wissenssoziologische Voraussetzungen und methodische Durchführung. In B. Freibertshäuser, A. Langer, & A. Prengel (Hrsg.), *Handbuch qualitative Forschungsmethoden in der Erziehungswissenschaft* (3. Aufl., S. 457–472). Juventa Verl.

MFG Innovationsagentur Medien- und Kreativwirtschaft (Hrsg.). (2014). *OPEN UP! Museum: Wie sich Museen den neuen digitalen Herausforderungen stellen.* Abgerufen am 13.05.2020 von https://kreativ.mfg.de/files/03_MFG_Kreativ/PDF/180731-OpenUp-Museum-Leitfaden.pdf

Oviatt, S., & Cohen, P. R. (2015). *The paradigm shift to multimodality in contemporary computer interfaces.* Morgan & Claypool Publishers.

Schmidt, C. (2008). Analyse von Leitfadeninterviews. In U. Flick, E. von Kardorff, & I. Steinke (Hrsg.), *Qualitative Forschung: Ein Handbuch* (6. Aufl., S. 447–456). Rowohlt Taschenbuch Verl.

Staatliche Museen Preußischer Kulturbesitz Institut für Museumskunde (Hrsg.). (1991). *Erhebung der Besucherzahlen an den Museen der Bundesrepublik Deutschland für das Jahr 1990* (Bd. 34). Abgerufen am 13.05.2020 von https://www.smb.museum/fileadmin/website/Institute/Institut_fuer_Museumsforschung/Publikationen/Materialien/mat34.pdf

Staatliche Museen zu Berlin Preußischer Kulturbesitz (Hrsg.). (2011). *Statistische Gesamterhebung an den Museen der Bundesrepublik Deutschland für das Jahr 2010* (Bd. 65). Abgerufen am 13.05.2020 von https://www.smb.museum/fileadmin/website/Institute/Institut_fuer_Museumsforschung/Publikationen/Materialien/mat65.pdf

Staatliche Museen zu Berlin Preußischer Kulturbesitz Institut für Museumsforschung (Hrsg.). (2019). *Statistische Gesamterhebung an den Museen der Bundesrepublik Deutschland für das Jahr 2018* (Bd. 73). Abgerufen am 13.05.2020 von https://www.smb.museum/fileadmin/website/Institute/Institut_fuer_Museumsforschung/Publikationen/Materialien/mat73_print.pdf

Stadt Ratingen Amt für Stadtplanung, Vermessung und Bauordnung-Statistikstelle, Melderegister. (2018). *Altersstruktur.* Abgerufen am 13.05.2020 von https://www.stadt-ratingen.de/wirtschaft_internationales/zdf/altersstruktur.php

Thiemann, A. V. (2009). *Demografischer Wandel (Schwerpunkt 55 plus): Chancen und Herausforderungen für Museen*. VDM Verl. Dr. Müller.

von Römer, D. (2014). *Zielgruppen der Zukunft Migranten und Senioren: Herausforderungen und Chancen des demografischen Wandels für Kultureinrichtungen am Beispiel von Museen*. Thurm, Wiss.-Verl.

Zembala, A. (2015). *Museumsbesuch: Ein Leitfaden für Sozialpädagogen. Museumspädagogische Angebote für Kinder, Jugendliche und Familien am Beispiel von NRW-Museen*. kopaed Verl.

Zoch, A. (2009). *Mediennutzung von Senioren: Eine qualitative Untersuchung zu Medienfunktionen, Nutzungsmustern und Nutzungsmotiven*. Lit Verl.

Nachtrag

Bei Abschluss der vorliegenden empirischen Untersuchung lag der erwähnte „Achter Altersbericht – Ältere Menschen und Digitalisierung“[1] noch nicht vor. Zwischenzeitlich wurde dieser Bericht im August 2020 dem Bundesministerium für Familie, Senioren, Frauen und Jugend mit der Stellungnahme der Bundesregierung zugeleitet und u. a. in einer Broschüre veröffentlicht.

Im Zentrum des Achten Altersberichts steht die Digitalisierung als gesellschaftlicher Megatrend. Die Achte Altersberichtskommission war beauftragt zu untersuchen, wie sich der aktuelle Stand der älteren Menschen beim Thema Digitalisierung darstellt. Es wurden Lebensbereiche älterer Menschen wie Wohnen und Mobilität, Kommunikation und soziale Beziehungen, pflegerische und gesundheitliche Versorgung sowie auch Quartiers- und Sozialraumentwicklung untersucht.

Der Bericht sowie die Stellungnahme der Bundesregierung stellen u. a. heraus, dass digitale Technologien Seniorinnen und Senioren dabei unterstützen können, möglichst lange ein selbstbestimmtes und eigenständiges Leben zu führen. Beim Zugang zum Internet und bei dessen Nutzung wird jedoch eine digitale Kluft auch innerhalb der älteren Generation konstatiert, z. B. je nach Lebensraum, Bildungsstand oder sozialer Ungleichheit. Folglich besteht in der älteren Generation ein großes unausgeschöpftes Potential zur digitalen Teilhabe.

Altersbericht und Stellungnahme der Bundesregierung weisen zudem darauf hin, dass digitale Angebote alltagsnah und lokal ein-

1 Siehe: https://www.achter-altersbericht.de/fileadmin/altersbericht/pdf/aktive_PDF_Altersbericht_DT-Drucksache.pdf (zuletzt abgerufen am 15.11.2021).

gesetzt eine Chance zu mehr digitaler Teilhabe und Zugang zu Informationen von Senioren bieten können.

Auch die vorliegende Studie der Autorin untersuchte eine Verbindung von Digitalisierung mit der älteren Generation. Sie stellte u. a. den Wissensdurst und das Interesse von Senioren an digitalen Medien fest. Sie fordern sogar, aktuelle Funktionalitäten an Devices, die bereits im öffentlichen Raum zur Verfügung stehen. Es wäre also wünschenswert, Senioren mehr digitale Angebote zu machen, um ihre Lebensqualität zu verbessern. Insgesamt bestätigen die Ergebnisse des Altersberichts diesbezügliche Resultate der vorliegenden Untersuchung.

In „Erkenntnisse und Empfehlungen des Achten Altersberichts“[2] wird ua. darauf hingewiesen, dass es kaum gesicherte empirische Erkenntnisse darüber gibt, wie digitale Dienstleistungen für Senioren bereitgestellt werden, wie sie sie nutzen und wie und ob sich das auf ihre Lebensqualität auswirkt. Die von der Autorin untersuchten Forschungsfragen und die vorgelegte qualitative Studie liefern damit einen kleinen Beitrag in diesem Zusammenhang.

2 Siehe: https://www.bmfsfj.de/resource/blob/159704/3dab099fb5eb39d9fba72f6810676387/achter-altersbericht-aeltere-menschen-und-digitalisierung-data.pdf (zuletzt abgerufen am 15.11.2021).

Zeitfracht Medien GmbH
Ferdinand-Jühlke-Straße 7
99095 Erfurt, Deutschland
produktsicherheit@kolibri360.de